キノコ学への誘い

大賀祥治 編

海青社

① ベニテングタケ *Amanita muscaria*

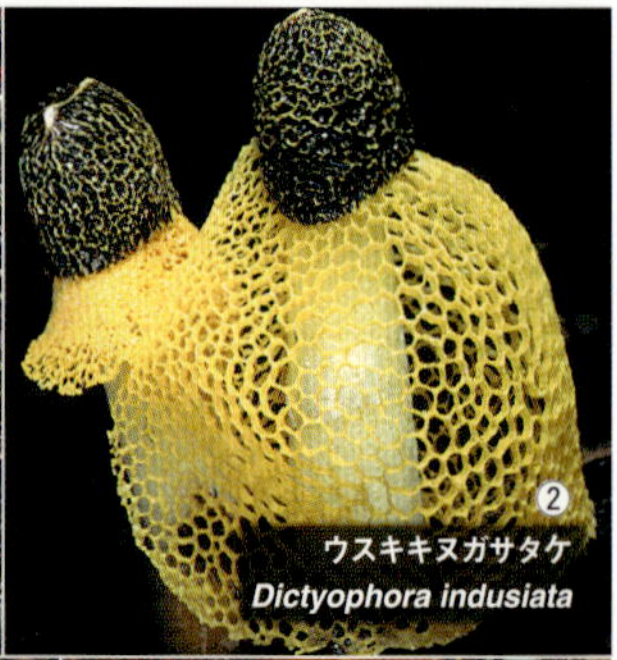

② ウスキキヌガサタケ *Dictyophora indusiata*

③ キタマゴタケ *Amanita hemibapha*

④ チチタケ *Lactarius volemus*

⑤ ロクショウグサレキン *Chlorociboria aeruginosa*

●美しいキノコ

⑥ ハナオチバタケ *Marasmium pulcherripes*

⑦ ベニヤマタケ *Hygrocybe coccinea*

⑧ ハナイグチ *Suillus grevillei*

⑨ ドクツルタケ *Amanita virosa*

⑩ ムラサキシメジ *Lepista nuda*

① カゴタケ *Ileodictyon gracile*

② アミガサタケ *Morchella Morchella*

③ ツチグリ *Astraeus hygrometricus*

④ イカタケ *Aseroe arachnoidea*

Ⅱ

●珍しい形のキノコ

⑤ ハナホウキタケ *Ramaria formosa*

⑥ カニノツメ *Linderia bicolumnata*

⑦ オニフスベ *Lanopila nipponica*

⑧ アラゲキクラゲ *Auricularia polytricha*

①
ヤグラタケ
Asterophora lycoperdoides
キノコ（クロハツ）の上にキノコ（ヤグラタケ）が生える

●不思議なキノコ

②
シイノトモシビタケ
Mycena lux-coeli
光るキノコ、明・暗（２枚）

①
ツクツクボウシタケ
Isaria sinclairii

●虫に生えるキノコ

②
冬虫夏草：*Cordyceps sinensis*

③
サナギタケ：*Cordyceps militaris*

① ハタケシメジ *Lyophyllum decastes*

② ヌメリスギタケ *Pholiota adiposa*

③ コウタケ *Sarcodon aspratus*

④ ムキタケ *Panellus serotinus*

●おいしいキノコ

⑤ スギヒラタケ *Pleurocybella porrigens*

⑥ アンズタケ *Cantharellus cibarius*

⑦ トリュフ *Tuber* sp.

⑧ シャカシメジ *Lyophyllum fumosum*

① マイタケ *Grifora frondosa*

② ナラタケ *Armillariella mellea*

③ クリタケ *Naematoloma sublateritium*

④ マツタケ *Tricholoma matsutake*

●おいしいキノコ（上）、薬効がみられる木材腐朽性キノコ（下）

⑤ ハナビラタケ *Sparassis crispa*

⑥ マンネンタケ *Ganoderma lucidum*

⑦ カワラタケ *Trametes versicolor*

⑧ ヤマブシタケ *Hericium erinaceum*

スイス・ベルン（花時計）

韓国・公州

中国・瀋陽、桃仙国際空港

●世界のキノコモニュメント

中国・吉林（キノコの女神）

ベトナム・クイニョン

タイ・カセサート

はじめに

本書「キノコ学への誘《いざな》い」はキノコの存在を皆さんに広く知っていただき、理解してもらうために企画しました。最近の「健康志向・環境保全」を追い風に、キノコそのものに対する認識が急加速に高まっています。一方、キノコに関わる研究者は、菌学、木材学、林学、農芸化学、発酵学、薬学、医学などの諸学会に所属され、いずれも特徴ある活動を展開されています。近年「キノコ」そのものを名称に冠した「日本きのこ学会」が設立され、ようやく産学官の研究者が相携え、相互に啓発し合う場がつくられ、その発展が強く期待されています。海外諸国でも同じような傾向がみられ、これまでの各自の専門分野の研究成果や情報を持ち寄って、テーブルディスカッションが盛んになっています。

社会的なニーズの高まりにつれて、研究面では、遺伝子レベルでの解析や新品種の開発、子実体の発生機構の解明、機能性成分の薬理効果および臨床資料を対象とした研究などが取り上げられています。一方、全国に散在する六〇以上のキノコ同好会では野生キノコの分類や生態が議論され、新品種あるいは新変種のキノコが探索されるなどその活動は多岐にわたっています。また実際の栽培面では、産地でのシイタケ原木栽培や中山間地でのハウス栽培、さらに最新の施設によるキノコの大量生産にいたるまで、新旧の広範な技術の採用がみられます。

本書を企画するにあたっては、とりわけ「若手・女性・海外研究者」に分担執筆して頂くよう心がけることと致しました。その際執筆者の最新の成果を含め、わかりやすく記述するようお願いしました。

本書は、学生諸君、研究者、一般の方々など広範な読者を対象としています。魅力的なキノコの世界の奥行きを掴み取っていただければ幸いです。それぞれ執筆者の志向するベクトルの違いで、全体のバランスの不整合を読者の皆さんが感じられたとしたら、それは編者の責任です。

本書に親しみを持っていただくために、林田 央さんにイラストを描いていただきました。感謝申し上げます。また、カラー図版の一部は福岡きのこ友の会のご好意により使用させていただきました。併せて感謝申し上げます。さらに、恩師近藤民雄先生に種々ご助言いただきました。妻かおみには校正で尽力を受けました。また、本書出版を決断された海青社の宮内 久社長には、たいへんお世話になりました。ここに深甚なる謝意を申し上げる次第です。

二〇〇四年七月

編著者　大賀祥治

キノコ学への誘い——目次

第一章　キノコとのかかわり

第二章　キノコの成分

第三章　キノコのバイオテクノロジー

第四章　キノコと健康

ひとくちメモ

第一章　キノコとのかかわり

第一節　キノコの正体と文化

●キノコとは

キノコは四億年くらい前に出現しています。そのころ植物が陸上生活をはじめましたが、その根に菌根が形成されて共生していました。約二億年前の恐竜が活動した中生代ジュラ紀から白亜紀には、我々になじみが深いハラタケ目やヒダナシタケ目のキノコが登場しました。生物界でのキノコの位置づけは、菌界に属しています。これはホイッタカーによって提案された五界系統図によるもので、現在支持されています（図1）。それによると、菌界は植物界や動物界と同格に扱われています。植物と同じよ

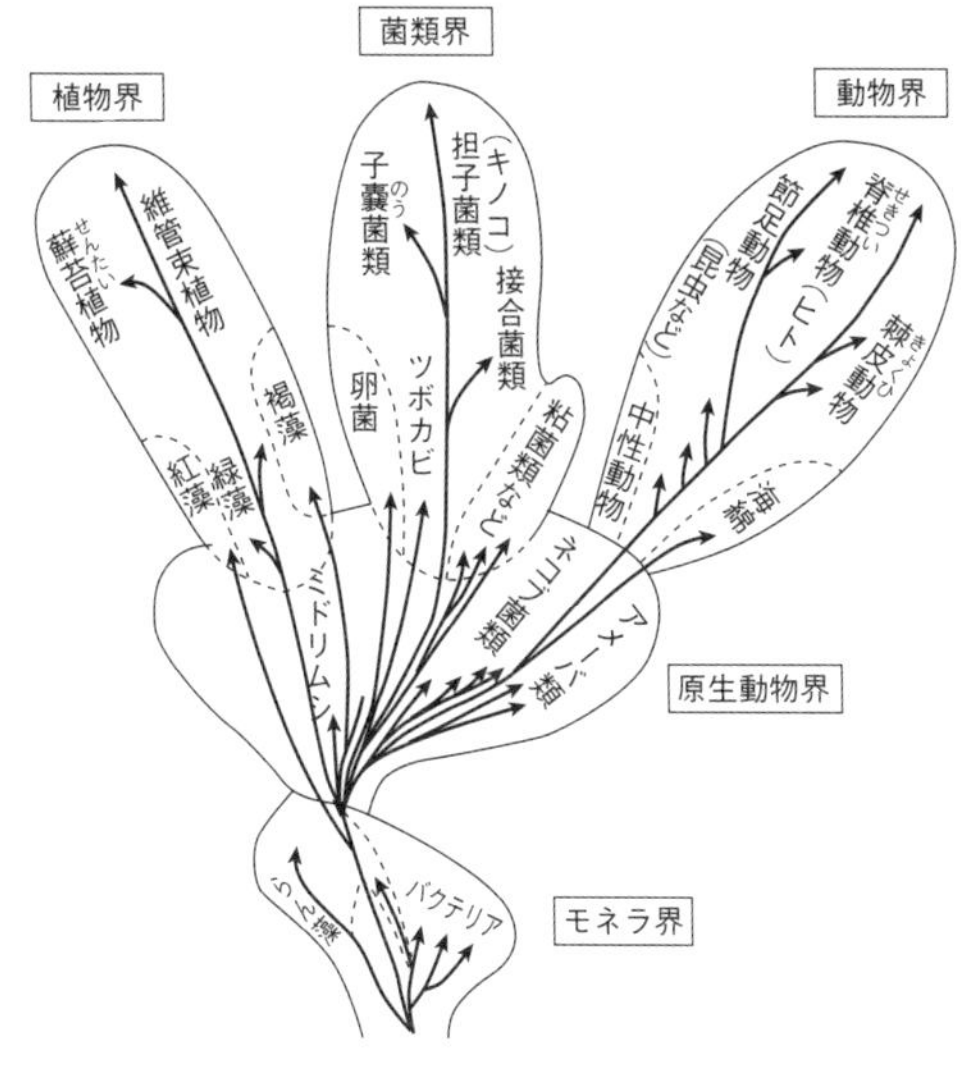

図1　ホイッタカーの5界系統図（Whitaker, 1969）

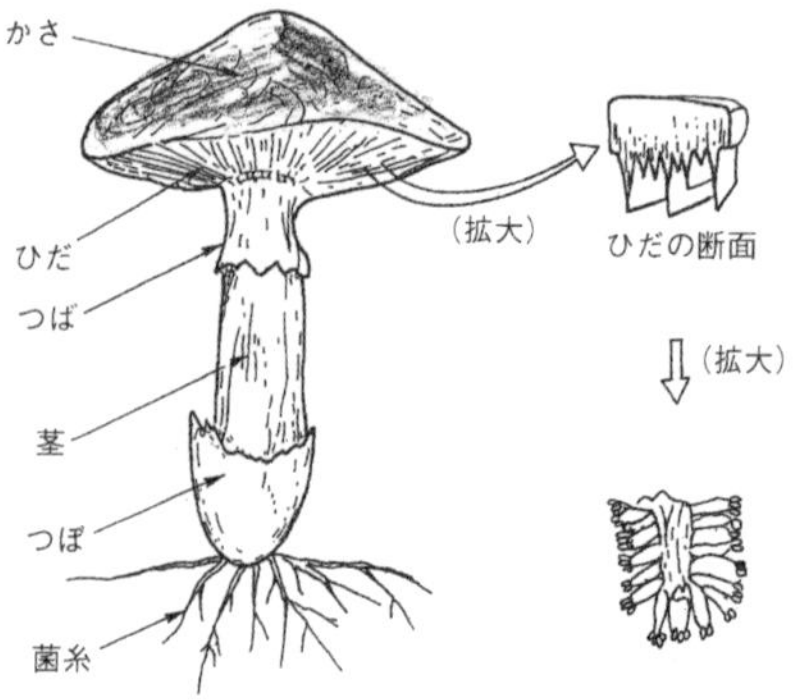

図2　キノコの形態と各部の名称

うな構造をもっていますが、葉緑素などの光合成色素を持たず、ほかの生物体、または有機物の分解によって生活しています。菌界は、細胞内に核がみられない「原核菌類」と、核がみられる「真核菌類」とがありますが、キノコを作るのは真核菌類のなかの変形菌類と、子《し》のう菌類、そして担子菌であり、なかでも担子菌が大多数を占めています。キノコとは、菌類が作る大型の繁殖器官（子実体と呼ぶ）を指している用語です。かつ、子実体を形成できる真核菌類をキノコと呼んでいます。

　キノコは色とりどりで、形もさまざまです。本節で紹介する大部分の野生キノコは、口絵のカラー写真でその姿をご覧ください（以下、＊印で示す）。栽培キノコについては、本章第三節の写真をご覧ください。担子菌類のキノコは、いくつかに分類されますが、ハラタケ目に属するものは典型的なキノコの型をしたものが多くなっています（**図2**）。ヒラタケ科、キシメジ科、ハラタケ科、フウセンタケ科、イグチ科など一、〇〇〇種類以上の野生キノコがあります。キタマゴタケ[*口絵I・③]、ハナオチバタケ[*口絵I・⑥]、ベニヤマタケ[*口絵I・⑦]、ムラサキシメジ[*口絵I・⑩]、ロクショウグサレキン[*口絵I・⑤]などがきれいです。ロクショウグサレキンは緑青《ろくしょう》色で染め物の原料にもなっています。毒性をもったテングタケ科のベニテングタケ[*口絵I・①]、ドクツルタケ[*口絵I・⑧]などもハラタケ目に属しています。また栽培キノコの大部分、シイタケ、エノキタケ、ナメコ、ヒメマツタケなども属しています。ヒダナシタケ目のキノコは、形態的に多様でハナホウキタケ[*口絵II・⑤]、マイタケ[*口絵VI・①]、ハナビラタケ[*口絵VI・⑤]、ヤマブシタケ[*口絵VI・⑧]のような軟質キノコや、マンネンタケ[*口絵VI・⑥]、カワラ

図3　キノコの生活様式

タケなどのような硬質で多年生のキノコがあります。キクラゲ目には、キクラゲ、アラゲキクラゲ[*口絵II・⑧]があり、キノコが軟らかく傘と柄の区別がありません。腹菌類のキノコは球状、塊状でウスキキヌガサタケ[*口絵I・②]、ツチグリ[*口絵II・③]、オニフスベ[*口絵II・⑦]があります。とても珍しい形をしたカゴタケ[*口絵II・①]、カニノツメ[*口絵II・⑥]、イカタケ[*口絵II・④]などもあります。子のう菌類のキノコは、子のうとよばれる袋状の細胞のなかに胞子を内生し、アミガサタケ[*口絵II・②](優秀な食菌でフランスではモリーユ、英国ではモレル、中国では羊肚菌として珍重されています)やヒイロチャワンタケ、また冬虫夏草[*口絵IV・②]菌の*Cordyceps*《コルディセプス》 *sinensis*《シネンシス》、ツクツクボウシタケ[*口絵IV・①]、サナギタケ[*口絵IV・③]などがあります。世界三大美味の一つトリュフ[*口絵V・⑦]は子のう菌類に属しています。また変形菌類も多様な姿をみせてくれます(一三頁、ひとくちメモ参照)。

●キノコの多様性

自然界での物質循環で、光合成による生産者である植物、および他の生物を餌とする消費者である動物、そして菌類は動植物の有機物を分解して生活する分解者の役割を担っています。従って、この三者がバランスよく調和して安定な自然が保たれているといえます。キノコは生活様式から大きく二群に区分されます。腐生性(木材腐朽菌、腐植菌)のもの、寄生性(菌根菌(共生)、冬虫夏草菌)のものがあります(**図3**)。腐生性のキノコは枯れ木、落ち葉、堆肥などから養分を取ります。枯れ木につくものは一般にセルロースやリグニンの分解力があり、木材腐朽菌と呼ばれており、白色腐朽菌と褐色腐朽菌に分けられています。私たちによく馴染んでいる栽培食用キノコは、ほとんどすべてここに分類されます。また、ヌメリスギタケ[*口絵V・②]、ムキタケ[*口絵V・④]、スギヒラタケ[*口絵 V・⑤]、クリタケ[*口絵VI・③]なども美味で栽培可能です。とても珍しいものとして、シイノトモシビタケ[*口絵III・②](昼と夜の写真)があります。これはシイなどに生える発光性のキノコで、夜になると緑色にひかり、とても幻想的で、大分、和歌山で発見されています。このほか、光るキノコとしてツキヨタケ、ヤコウタケがあります。落葉や落枝を分解し、土に返す働きをするキノコは落葉分解菌と呼ばれ、モリノカレバタケなどがあり、森林土壌における養分循環に重要な役割を果たしています。堆肥分解菌は、腐植分解菌とも呼ばれ、腐植質を分解して栄養とし、生育します。一般的にツクリタケ(マッシュルーム=英語でキノコの意であるマッシュルームが呼称となっている)、ササクレヒトヨタケ、ハタケシメジ[*口絵V・①]、ヒメマツタケ、フクロタケがこれに属しています。ウシグソヒトヨタケのような動物の糞を栄養源とし、生育するキノコは糞生菌と呼ばれます。また、イバリシメジのように動物遺体が分解されたあとに登場するアンモニア菌があります。

一方、生きている樹木と共生生活をしながら生活している菌根菌があります。植物の根に共生してつくる組織を菌根と呼び、菌根をつくる菌は菌根菌と呼ばれます。菌根菌は、生育のために植物から光合成産物である糖類(炭素源)の供給を受け、一方、植物に対しては土壌中の無機質(窒素、リン、カリウムなど)や水を供給しながら共生生活を行っています。これら菌根菌は森林の健全な環境維持に大きな役割を演じていることが知られています。これらのキノコは、生きた植物体で生合成される糖やアミノ酸および成長因子などがないと成長できないので、マツタケ[*口絵Ⅵ・④]に代表されるように、人工栽培がきわめて難しくなっています。

一方的に寄生するものとして、寄生菌があります。動植物に寄生して栄養分を吸収しながら生育します。昆虫寄生菌(冬虫夏草菌類)、植物寄生菌(ナラタケ[*口絵Ⅵ・②])などが含まれています。バッカク菌類の冬虫夏草菌類は昆虫に感染して、宿主を殺して子実体を発生させます。セミ、カメムシ、クモ、ハチなどのいろいろな昆虫に寄生しますが、宿主特異性がはっきりしている点に興味が持たれます。珍しいものでは、生きたキノコに寄生するキノコです。クロハツなどの老熟した子実体に寄生するヤグラタケ[*口絵Ⅲ・①]などがあります。

近年、環境破壊が叫ばれているなかで環境保全や浄化など、これらキノコの果たす機能に対する評価が高まっています。

●キノコが歴史に登場

日本書紀にキノコが登場しており、そして万葉集や古今和歌集でも、キノコについて詠まれています。平安時代の今昔物語ではキノコの話が記されています。一例を挙げると、「尼僧たちが山で迷子になり、空腹になりキノコを見つけ、食べたところ踊りだした」、「藤原氏が谷底に落ちた際に、キノコの大発生を見つけて喜んで抱えていた」、「比叡山の僧侶が、キノコ中毒になりながら、お経をあげた」などです。キノ

表1　世界のキノコ生産量（きのこ年鑑2004を基に作成）

栽　培　種	生産量（1000 t）	主な生産地
マッシュルーム	1400	アメリカ・フランス・中国
シイタケ	300	日本・中国・台湾
フクロタケ	155	中国・台湾・タイ
エノキタケ	150	日本・台湾
ブナシメジ	95	日本・中国
キクラゲ	80	台湾・中国
ヒラタケ	75	中国・EU・韓国
マイタケ	45	日本
エリンギ	20	日本・韓国
ナメコ	20	日本

コが親しまれ、食用として、また幻覚材料として用いられていたようです。

平家物語、宇治拾遺物語、古今著聞集などにもキノコが登場しています。その他の古い料理書にも、ヒラタケやシイタケなどのキノコ類が盛んに食材として取り扱われています。豊臣秀吉が京都の聚楽第《じゅらくだい》に後陽成天皇の行幸を仰いだ折にもシイタケが振舞われています。また秀吉の朝鮮出兵時に肥前での懐石料理にシイタケやショウロの料理が含まれています。親交の深かった前田利家の館を訪れた折にも、シイタケ料理が振舞われています。いずれも山野に自生する野生キノコを食べていたわけですが、希少価値のある相当な贅沢品であったと想像されます。

●キノコの食文化

キノコはやはり食材としての位置付けが馴染み深いといえます。腐生菌である木材腐朽菌と腐植菌のうちから、栽培キノコが多く選抜されています。**表1**に世界のキノコ生産量を示しますが、マッシュルームが最も多く生産され、次いでシイタケとなっています。西洋ではマッシュルーム、東洋ではシイタケがそれぞれ主な生産・消費地となってきましたが、最近はグローバル化されてきました。我が国でも生のマッシュルームがサラダに

図4　マツタケ：*Tricholoma matsutake*（山口県岩国市）

図5　ホンシメジ：*Lyophyllum shimeji*（広島県吉和町）

添えられ、欧米ではシイタケがグリル焼きなどに調理されます。シイタケは「shiitake」として万国共通語になるまでに至っています。シイタケ特有の香りであるイオウ化合物のレンチオニンを嫌う欧米人もたまに見うけられますが、大半はシイタケを好んで食べます。菌床栽培のものは原木栽培に比べ、香りがうすいのが受け入れられた一因かもしれないと思っています。

　野生キノコには、食材として美味なものが多くあります。これらは菌根菌が多く人工栽培できないので、天然の野生キノコを食べることになります。我が国では、マツタケ（**図4**）とホンシメジ（**図5**）が最も好まれ、「匂いマツタケ、味シメジ」のフレーズは有名です。またアミタケ、ハツタケ、ハナイグチ[*口絵Ⅰ・⑧]などが好まれます。*Amanita*属のタマゴタケは美味で「キノコの皇帝」と称されるほどです（本書表紙の赤いキノコ）。興味深いのは、チチタケ[*口絵Ⅰ・④]が栃木県の人々だけに好まれている点です。このキノコは、渋みのある乳液を分泌し、子実体はボソボソした感じで、決しておいしいキノコとは思えません。栃木県ではチチタケを「最高級」と評価し汁物のダシとして珍重しており、わざわざ中国から輸入しているほどです。ヨーロッパではトリュフ[*口絵Ⅴ・⑦]、ヤマドリタケ、アンズタケ[*口絵Ⅴ・⑥]が好まれま

図6　左より、マツタケ（*Tricholoma matsutake*）（韓国・忠清北道）、オオシロアリタケ（*Termitomyces eurrhizus*）（タイ・カセサート）のビン詰め、ヤマドリタケ（*Boletus edulis*）の乾燥品、アンズタケ（*Cantharellus cibarius*）のかん詰め（スイス・ベルン）

す。これらは、進化の過程を経た結果として、それぞれいっしょに生活する相手が宿主として決まったと考えられ、マツタケ―マツ科（アカマツが主ですが、他も宿主にします。北海道雌阿寒岳のハイマツに発生したマツタケ*口絵VI・④）、ホンシメジ、シャカシメジ*口絵V・⑧―広葉樹、トリュフ―広葉樹、ヤマドリタケ―トウヒ属の針葉樹といった共生関係に落着いたものと考えられます。トリュフはフォアグラ、キャビアと並んで三大珍味と言われるほどです。ヤマドリタケ（仏：セップ、伊：ポルチーニ、独：スタインピルツ）はとても珍重されて、希少価値の高い高級食材として人気が高くなっています。傘の直径や柄の長さ二〇センチメートルにも達する大型のキノコで、特に柄の部分は肉がしまって、コリコリとした食感が楽しめます。新鮮なものをグリル焼きや、スライスしてパスタやスープに入れると濃厚な旨味がでます。缶詰や乾燥品がとても人気があります。韓国では、コウタケ*口絵V・③を珍重します。香りが強い野生キノコで、肉類といっしょに調理すると独特の酵素のはたらきで繊維質が柔らかくなります。中国では、特にアミガサタケ*口絵II・②（羊肚菌）が珍重され最高ランクに位置付けられています。コウタケやアミガサタケは、それぞれの国々では、マツタケより上位にランクされています。「コウタケご飯」や「アミガサタケのスープ」などは美味しいも

図7　マッシュルーム(*Agaricus bisporus*)(イギリス・コッツウォルズ地方)

のです。各国でかん詰め、ビン詰め、乾燥品が出回っています(図6)。

●世界のキノコ文化

我が国はキノコ好きの民族であるといえます。ほとんど毎日食卓にキノコが並び、スーパーでは何種類ものキノコが陳列されているのが普通です。スーパーでの種類の多さは他国に類を見ないほどで、世界一だと思っています。欧米ではせいぜい二、三種類が店頭に並んでいることが多く、たいていは、マッシュルーム、ヒラタケ、シイタケなどです。最近はエリンギが世界中で人気をはくしており、目立っているのが特徴です。世界的には、スラヴ系、ラテン系がキノコ好きの民族として知られています。対照的にアングロサクソン系はあまりキノコを好まないといえます。また、同じキノコでも民族によって好き嫌いが分かれるのは不思議です。一例として、マツタケの芳香は我々にとって、たまらないほど芳しいものですが、あるロシア人は、マツタケの香を「臭い」と評したことがあります。トリュフはフランスやイタリアでは絶賛されますが、我々にはそれほどまでに、すばらしい香りとは認識できません。マッシュルームは世界一の生産量を誇るキノコですが、我が国では消費量はごく少量で、しかも傘がまだ開かない「つぼみ」の状態で食べます。欧米では、傘の十分開いた直径が一

図8　ヒカゲシビレタケ：*Psilocybe argentipes*
（北九州市）

〇センチメートルにもなるような、ヒダが真っ黒なものを好んで食べます。こちらの方が、味が濃厚でこくがあり味わい深く、慣れるととてもおいしく感じるようになります（図7）。イギリスのイングリッシュ・ブレックファーストには、必ずマッシュルームの炒めものがいっしょに添えられてきます。

南米では、幻覚キノコを巫女さんたちが祈祷に利用しています。シビレタケ属のキノコで、「テオナナカトル」と呼ばれ食べると七色の虹が見えるということです。簡単に子実体が発生するため、「マジック・マッシュルーム」として若者の間で出回っていました。キノコから幻覚成分を抽出することは違法でしたが、栽培や試食行為は規制されていませんでした。二〇〇二年に厚生労働省がこの種の幻覚キノコの所持や栽培、輸入を禁止し立法化されたので、今後一般には、このキノコを扱うことは厳禁となりました。厚生労働省の指示で「麻薬および向精神薬取締法」で厳しく法規制されています。シビレタケ属のキノコは、我が国では十一種、海外で五二種類が確認されています。これらは野外で初夏に普通に観察されるキノコであり、取り扱いには注意が必要です。初夏に草原などで発生がみられます（図8）。くれぐれも、持ち帰ったりしないように注意してください。筆者は麻薬研究者免許証を保持し、研究室にはメキシコのグアダラハラ州立大学より分譲されたミナミシビレタケ（*Psilocybe*《シロシーベ》 *cubensis*《クベンシス》）や、その他のシビレタケ属菌が実験材料のため保管されています。

図9　ハラタケ（*Agaricus campestris*）の菌輪
（イギリス・リトルハンプトン）

図10　オープンマーケットで売られる、野性キノコのアンズタケ（ジロール: *Cantharellus cibarius*）（スイス・ベルン）

我が国では、雷が鳴るとシイタケの大発生があるとされ、実際にもこの現象は広く認められています。「稲妻」が稲の妻、「雷」は田んぼの雨といったように、水稲栽培でも雷は関係が深そうです。またペルーでも、雷が鳴るとキノコが発生するといった、言い伝えがあります。シイタケ、マイタケ、ブナシメジ、エリンギなどの食用キノコの菌床に電気インパルスを印加すると、子実体発生が促進することや、林地に印加するとキツネタケの子実体発生に大きな影響を及ぼすことが、筆者らによって明らかにされています（本章第三節を参照）。

ヨーロッパでは、ベニテングタケ*口絵Ⅰ・①が大きく文化に関わっています。宝くじ売り場はこのキノコの外形を型取った建物がよくみられます。花時計など各地のシンボルにも多く用いられています。実際は毒キノコですが、幸運をもたらすシンボルとして信じられてきました。童話の「白雪姫と七人のこびと」、「ピーターパン」などに登場するキノコもベニテングタケです。有名な話として、勇猛果敢なヴァイキングは、毒キノコのベニテングタケによる軽い幻覚症状のなかで攻撃をしかけたそうです。

イギリスでは、キノコ観察会（フォレー）が各地で盛んに開催されたり、庭先の芝生に出現する菌輪（フェアリーリング）などに興味を示します（図9）。ただ、収穫された野生キノコを調理して口にすることはありません。一方、ヨーロッパ大陸では野生キノコを好んで各種料理に用います。キノコの季節になると、オープンマーケットでアンズタケ[*口絵V・⑥]（ジロール）やヤマドリタケ（セップ）などの野生キノコが盛んに売られるようになります（図10）。ドイツやルクセンブルクではヴァンデルング、いわゆる野山歩きが第一級の娯楽として、人々に浸透しておりキノコシーズンにはこぞって野生キノコを探し求めます。キノコ狩りで持ち帰ったキノコは調理され庭先パーティーでの、ワインの格好の肴になり、薄暮状態が続く深夜まで、収穫物の手柄話に花をさかせます。

その他、世界各地にキノコを模したモニュメント[*口絵VII]が多数みられ、人々の心を和ませてくれます。

【参考文献・図書】

朝日新聞社『朝日百科キノコの世界』一九九七年

今関六也・大谷吉雄・本郷次雄『山渓カラー名鑑・日本のきのこ』一九八八年

江口文陽・大賀祥治・渡辺泰雄『キノコを知ろう・キノコに学ぼう・キノコと暮らそう』インタラクティブ学習ソフトCD−ROM、NPOぐんま、二〇〇三年

大賀祥治『きのこの生物工学』APAST（森と木の先端技術情報）、二三号、一一〜一五頁、一九九七年

大橋等編『きのこ年鑑』農村文化社、二〇〇四年

古川久彦『きのこ学』共立出版、一九九二年

Whittaker, R.H. "New concepts of kingdoms of organisms", Science, 163, 150–160 (1969)

広がれキノコ文化

我々はキノコ好きの民族といえます。国土の7割が森林で、季節のはっきりした気候、適度な雨、いずれもキノコの発生に向いている環境です。キノコは1000種類くらい命名されていますが、その2～3倍の種類が存在します。巧みな技術で栽培化されたものは、日々の食卓に上ってきます。スーパーでは必ず「キノコこコーナー」がみられ7～8種類の新鮮キノコが陳列されているのも、世界に類をみないほどです。調理法も多岐にわたり、和洋中とたくみなアレンジで工夫されています。欧米では、ツクリタケ、ヒラタケ、シイタケなど、韓国や中国ではシイタケ、ヒラタケなどが2～3種類店頭にあるのを見かける例がほとんどです。

各地の「キノコ同好会」が盛んで60前後が知られており、盛んに「キノコ観察会」が開かれています。同時に地方の「キノコ図鑑」が特色あるレイアウトで出版されています。近年の健康志向を背景とした「キノコブーム」を追い風に、体に良いとされる新しいキノコが次々に登場しています。ますます「キノコ文化」が広がっていくことでしょう。

ドイツの市場で
シイタケ見ました
ドイツでもシイタケは
"siitake"でした！
洋行帰り
AIRPORT
©2004 nakasyan

大型に成長するキノコ

これらはとても大きくなることがあり、傘の直径や柄の長さが40 cmにも成長して話題になります。

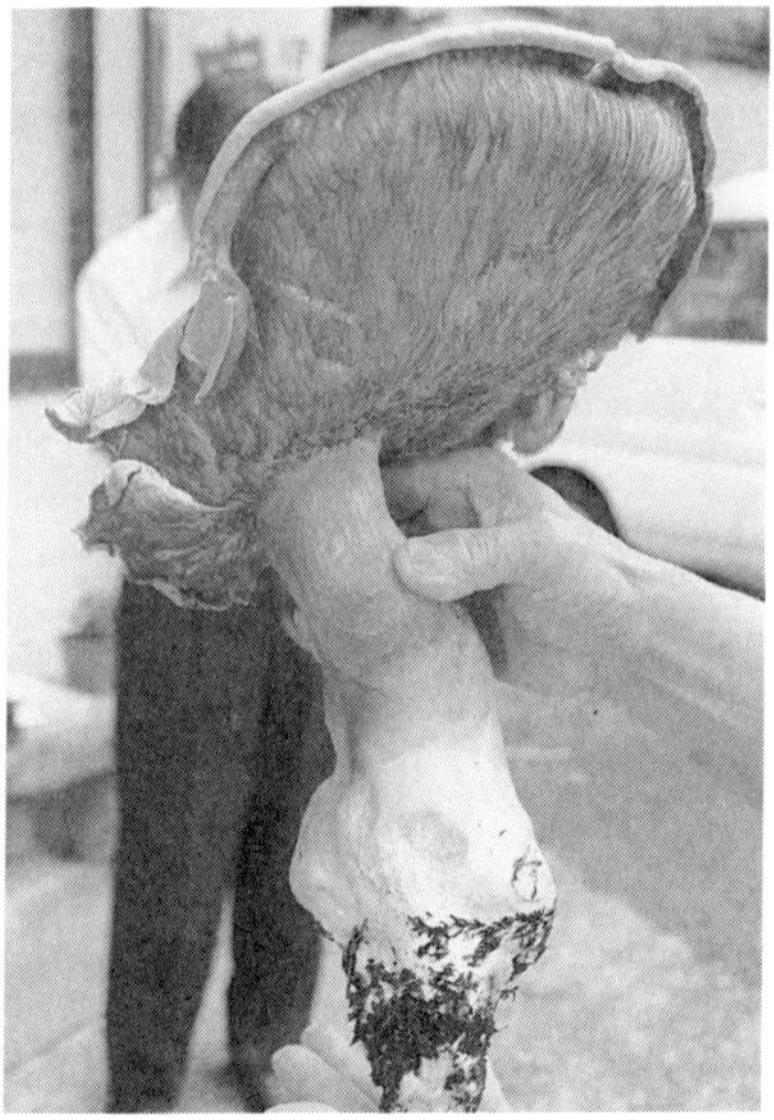

ムレオオイチョウタケ：*Leucopaxillus septentrionalis*（宮崎県椎葉村、上）、オニテングタケ：*Amanita perpasta*（福岡市、左）、ツリガネタケ：*Fomes fomentarius*（北海道足寄町、下）

粘菌……生物界きっての変わり者

粘菌は変形菌とも呼ばれ、いちどとりつかれるとなかなか離れがたい不思議な魅力をもつ生き物です。我が国には500種類くらいあるとされています。粘菌になじみ深い人物として、和歌山出身で英国に留学した博物学者の「南方熊楠《みなかたくまぐす》」が有名です。捕食を行うアメーバ時代をもっているので、キノコとは分類学上区別されています。胞子から発芽した粘菌アメーバは朽木や落葉の上を自由に這い回ってバクテリアを食べて、やがて変形体と呼ばれる多核単細胞のアメーバに成長します。これらは網目状で先端が扇型に広がって、内部は細い管がたくさんあり、原形質が流れています。その後、変形体はキノコのような子実体を多数つくり、その中に胞子ができます。(図版の一部は原紺勇一氏より提供)

サビムラサキホコリ
Stemonitis axifera

マメホコリ(未熟な子実体)
Lycogala epidendrum

エダナシツノホコリ：*Ceratiomyxa fruticulosa* var. *descendens*

ツヤエリホコリ
Lamproderma arcyrionema

第二節　キノコの一般的性質

●キノコの生活史

図1は、キノコの生活史を生活環として模式的に示したものです。キノコ（担子菌）の生殖法には、有性生殖と無性生殖によるものがあります。キノコの有性生殖の第一段階は、単相（n）の担子胞子の発芽による一核菌糸の形成です。単核の菌糸（一核菌糸）同士がお互いに和合性であれば、接触部位で菌糸融合、すなわち核融合を伴わない細胞融合が起こり、重相（n＋n）の二核菌糸が形成されます。二核菌糸の細胞の二つの核は、同調的に核分裂し、先端成長の分岐により、栄養菌糸体（コロニー）を発達させます。キノコは、様々な環境に適応するため、菌種によっては、菌糸束、分生子、根性菌糸束、菌核などの様々な構造体を形成します。二核菌糸のコロニーから生殖器官である子実体が発生します。子実体で

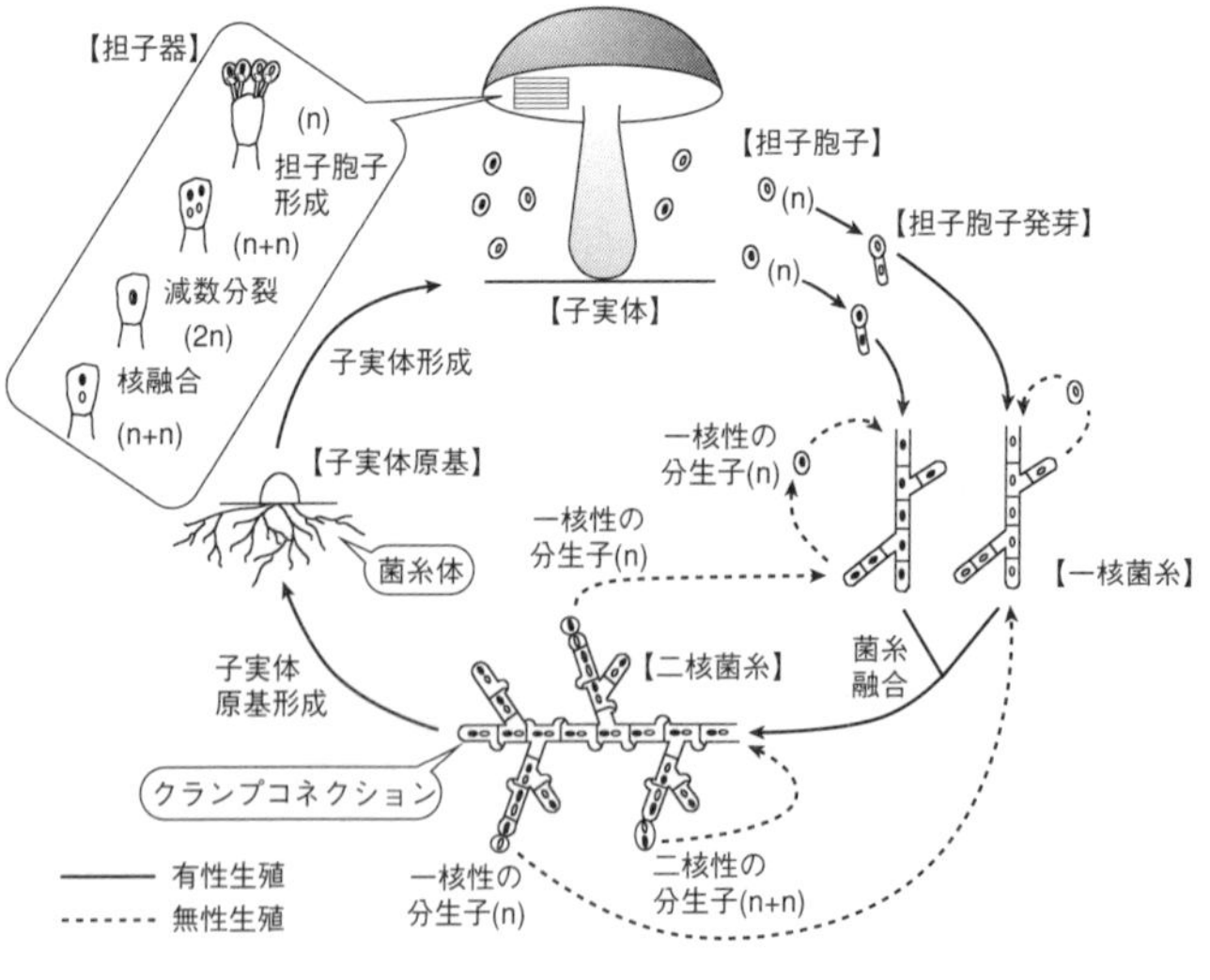

図1　典型的なキノコ（担子菌）の生活環（古川 1992）

は、子実層托（ひだや管孔など）にある特定段階の担子器を構成する細胞内で初めて核融合による複相（2n）化と、それに続く減数分裂により、各々が担子器上に生じた四つの突起内に移動して単相（n）化が起こり、単核の担子胞子が形成されます。キノコの無性生殖環は、一核菌糸や二核菌糸の一部が自発的に分節して分生子を形成することによるものです。しかし、分生子形成やその発芽には、特異的な条件は知られておらず、菌糸成長の一部として扱われることが多くなっています。このことから、私たちが観察しているキノコ、すなわち子実体は、キノコの生活史から考えるとほんの一時期に過ぎないものであることがわかります。

キノコの生理

植物が生きるために太陽の光を利用して光合成をしてエネルギーを得ています。一方、動物の場合は、植物を食べたり、他の動物を食べたりしてエネルギーを得ています。それでは、キノコはどのような方法でエネルギーを獲得し、生きているのでしょうか？

キノコは、酸素を吸収して二酸化炭素（CO_2）を排出する従属栄養生物です。キノコは、生命を維持し成長するために栄養を必要とします。栄養物質の役割は、生体の構成成分を生合成するための素材としての意味と、これら生合成のためのエネルギー源としての意味をもっています。エネルギー代謝の中心はATP–ADP系です。ADP（アデノシン二リン酸）は代謝過程で生じる高エネルギー化合物からリン酸基を受取ってATP（アデノシン三リン酸）になります。このATPがいろいろな合成反応に利用される際のエネルギー源となります。このとき、ATPはADPに戻ります。このようなエネルギーは、栄養物質の分解

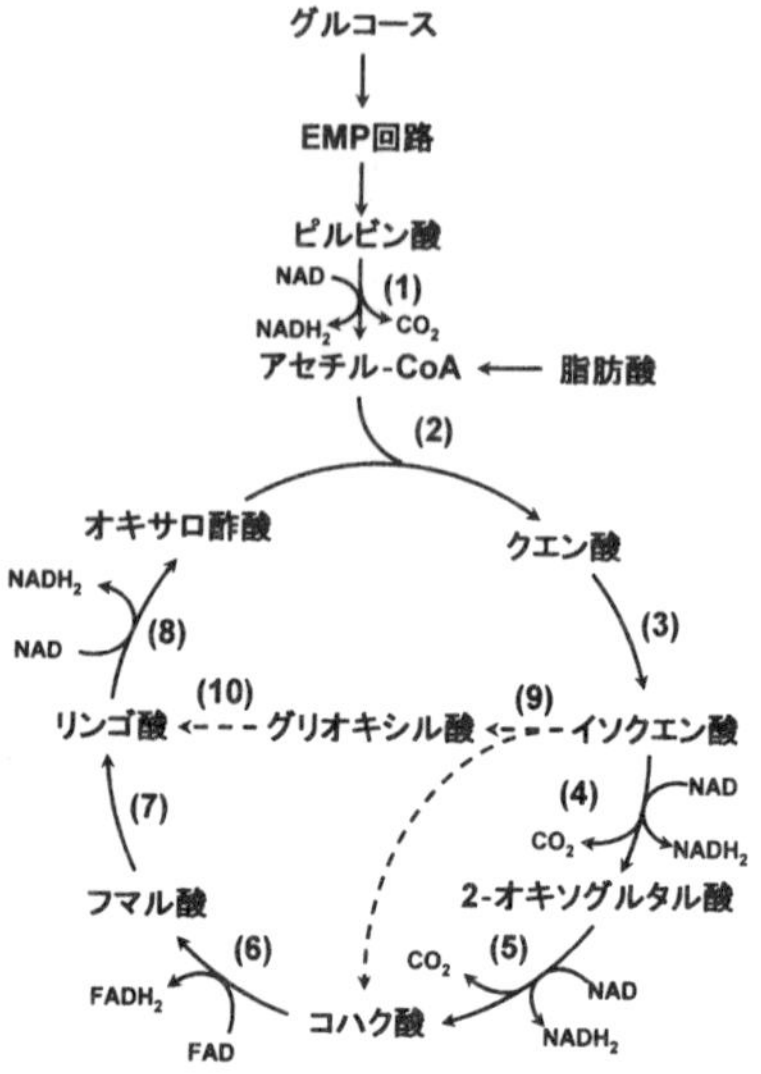

図2　TCA回路（破線はグリオキシル酸経路を示す）（Yoon 2002a）

(1)ピルビン酸脱水素酵素、(2)クエン酸シンテターゼ、(3)アコニターゼ、(4)イソクエン酸脱水素酵素、(5)2-オキソグルタル酸脱水素酵素、(6)コハク酸脱水素酵素、(7)フマラーゼ、(8)リンゴ酸脱水素酵素、(9)イソクエン酸リアーゼ、(10)リンゴ酸合成酵素

課程で生じたものであり、そのエネルギー源となる栄養物質は、主としてセルロース、ヘミセルロース、デンプンのような炭水化物です。これらの多糖類は、加水分解されてグルコースのような単糖となったのち菌体内に吸収され、エムデン―マイヤーホフ―パルナス（EMP）経路、ヘキソース・モノフォスフェイト（HMP）経路、およびトリカルボン酸（TCA）回路のような代謝経路を経て代謝されます。

解糖系と呼ばれているEMP経路では、グルコースはピルビン酸に代謝されます。一方、HMP経路は、グルコースから生じたグルコース―6―リン酸（G6P）が、途中に五炭糖を経由しながら複雑な反応を経て、G6Pに戻る反応であり、この経路は、核酸の生合成に必要な五炭糖の供給系であるとともに、生合成反応に必要なNADPHの供給系であるという意味をもっています。キノコにおいても、他の微生物の好気的な糖代謝経路と同様に、この経路はEMPの経路とともに作動していますが、キノコの種類によって異なっています。ウシグソヒトヨタケの栄養菌糸では、HMP経路の酵素（グルコース6リン酸脱水酵素および6―ホスホグルコン酸脱水酵素）活性がEMP経路の酵素（ホスホグルコースイソメラーゼおよびアルドラーゼ）

表1 木材腐朽菌におけるグリオキシル酸経路酵素の活性(Munirら、2001aより改変)

	培養日数	ICL*	MS*
白色腐朽菌			
アラゲカワキタケ	7	30	50
エノキタケ	18	60	240
エリンギ	10	10	60
オオヒラタケ	10	20	330
カワラタケ	10	30	100
キウロコタケ	15	100	110
コフキサルノコシカケ	10	50	40
スエヒロタケ (1)	9	100	80
スエヒロタケ (2)	9	220	160
ヒラタケ	10	40	330
マイタケ	10	50	100
マンネンタケ	10	20	20
Coriporiopsis subvermispora	14	10	60
Hygiptea sp.	13	10	80
Phanerochaete crysosporium	5	40	70
褐色腐朽菌			
イドタケ	18	80	130
オオウズラタケ	7	320	630
キチリメンタケ	10	20	60
ナミダタケ (1)	20	200	0
ナミダタケ (2)	20	120	0
ホウロクタケ	10	170	90
マスタケ	10	370	150
マツオウジ	23	10	0

ICL: イソクエン酸リアーゼ、MS: リンゴ酸合成酵素、*活性単位はmU/mgタンパク質

より低く、解糖系が糖代謝の主経路と推定されましたが、ツクリタケの栄養菌糸では、HMP系がグルコース代謝の主経路であると報告されています。TCA回路は、アセチル－CoAのアセチル基をCO_2とH_2Oに完全酸化し、有効にエネルギーを供給する経路です(**図2**)。しかし、キノコの栄養成長期および子実体形成期におけるTCA回路の動作については、ほとんど研究がなく、それに関する情報が非常に少ないのが現状です。エノキタケとオオウズラタケの場合には、TCA回路関連酵

素の一つである2―オキソグルタル酸脱水素酵素がみられず、正常なTCA回路が機能していません。その代わりにグルコースを炭素源としても常にグリオキシル酸回路が機能して、2―オキソグルタル酸からコハク酸となる経路が欠損している不完全なTCA回路を補い、菌糸の増殖に必要なエネルギーを生産することが考えられます。**表1**に示すように、白色腐朽菌(カワラタケなど十四種類)と褐色腐朽菌(マスタケなど七種類)はグルコース抑制を受けることなく二つのグリオキシル酸経路酵素(イソクエン酸リアーゼ)とリンゴ酸合成酵素)活性を持つことが確認されました。

キノコの生長に対する環境要因としては、物理的環境要因と栄養的環境要因に大別されます。物理的環境要因は、温度、光、酸素濃度、二酸化炭素濃度、培地のpH、水分、であり、栄養的環境要因としては、炭素源、窒素源、無機塩類、ビタミンなどが考えられます。

キノコの種類によって、これらの要因の最適値はまちまちですが、一般的な条件を述べると次のようになります。キノコの生長は二〇～三〇℃の範囲が成長に適しており、四〇℃以上になると死滅するものが多く、栄養成長期と子実体発生期とでは適正温度が異なっており、子実体形成期には栄養成長期の適温より低い場合が多くなっています。

キノコの成長に対する光の影響では、通常、栄養成長期には影響がほとんどありませんが、子実体発生に対して促進的に働く場合と、影響が無い場合とがあります。ツクリタケや木材腐朽菌であるオオウズラタケでは、子実体の形成に光が無関係であると報告されています。また、アミスギタケやウシグソヒトヨタケでは、光照射により子実体の発生が誘導されます。子実体発生は一回の光照射で誘導されるものが多

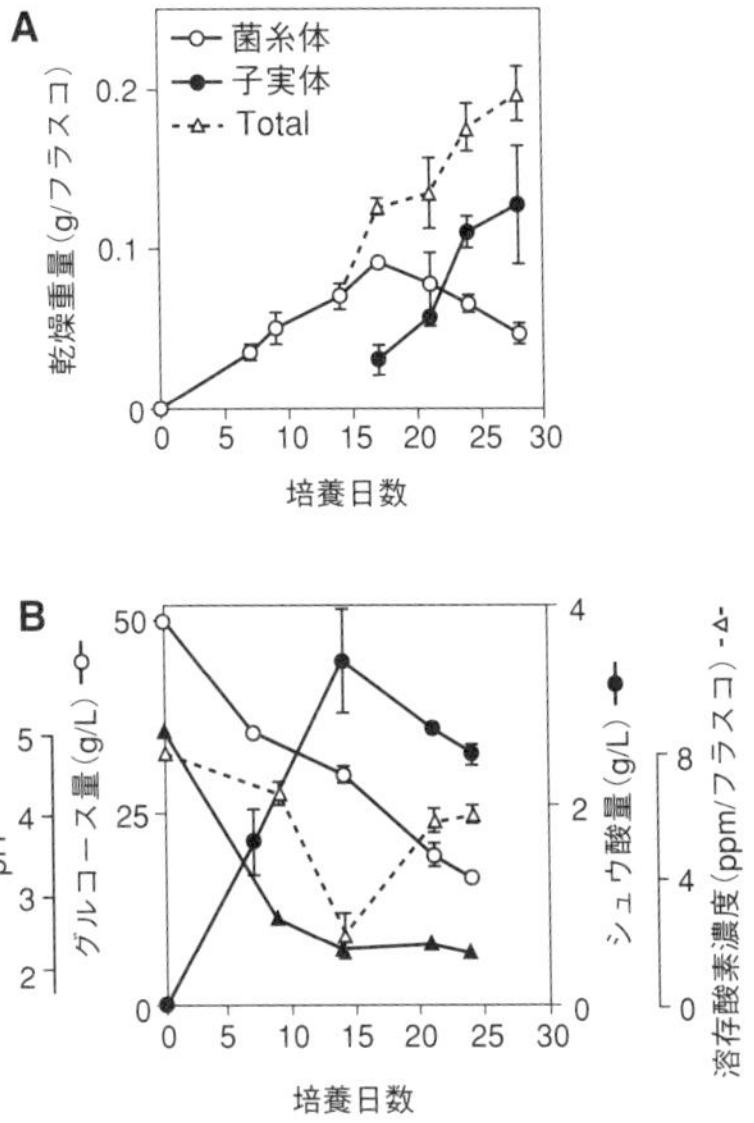

図3　オオウズラタケの培養中における菌糸体および子実体の重量変化(A)と培地中のグルコース消費量、シュウ酸蓄積量、溶存酸素濃度およびpHの変化との関係(B)(Yoon 2002b)

くなっています。子実体発生に最適な白色光照度は、一〇～一〇〇ルックス程度と考えられます。また、光照射時間は数分の露光で十分なものから、数時間～連続光照射で最大効果が得られるものまで多様です。

好気性の微生物であるキノコは、その成長に酸素を必要とします。特に子実体の成長には酸素の要求性は増大します。しかし、キノコの分野では、酸素に関する研究が少なく、二酸化炭素を対象にした場合が多くなっています。オオウズラタケでは、**図3**に示すように、菌糸の栄養成長期においては培地内の溶存酸素濃度が急激に減少し、約二ｐｐｍまで落ち込みますが、子実体形成の進行とともに回復し、初期酸素濃度（八ｐｐｍ）よりは若干低いところで落ち着きます。すなわち、培養初期の栄養菌糸の成長と酸素吸収とはよく相関していることが筆者らの研究によって報告されています。

培地pHは、三・〇～八・〇で生育可能ですが、最適初発pHが五～六にあるものが多くなっています。培養中のpHは、オオウズラタケやシイタケのように有機酸の蓄積により低下するものが多くなっていますが、

表2　褐色腐朽菌と白色腐朽菌の生化学的特徴の比較（島田ら、2002より）

性　　質	褐色腐朽菌	白色腐朽菌
木材成分の分解性		
セルロース	＋＋＋	＋＋＋
ヘミセルロース	＋＋＋	＋＋＋
リグニン	＋	＋＋＋
セルロース分解酵素系		
エンドセルラーゼ	＋＋＋	＋＋＋
エクソセルラーゼ	＋	＋＋＋
（酸化的にラジカル分解系）	（＋／－）	
リグニン分解酵素系		
リグニンペルオキシダーゼ（LiP）	－	＋＋＋
マンガンペルオキシダーゼ（MnP）	－	＋＋＋
ラッカーゼ（Lac）	－	＋＋＋
バーベンダム反応	－	＋＋＋
シュウ酸の集積性	－	＋
シュウ酸脱炭酸酵素	－	＋＋＋

*：＋＋＋、顕著である。＋、微小または例外あり。（＋／－）、ユニークな特徴。　－、ほとんど無い。

エノキタケのように上昇するものもあります。培養基の水分量も、キノコの生長を左右する重要な因子です。キノコの生長に適した水分含量は、約六〇～七〇％程度と推定されます。

次に、栄養環境要因について述べます。担子菌の多くは、自然界では木材、落葉、腐植質に含まれているセルロース、ヘミセルロースやリグニンを炭素源として利用できます。窒素源としては、木材や腐植質に含まれているタンパク質およびアミノ態窒素と考えられます。

キノコの生理学的実験を行う際には、一般的に合成培地を用いることがほとんどです。合成培地においては、炭素源としてグルコース、ショ糖、麦芽糖などの炭水化物が、窒素源としてタンパク質加水分解物であるペプトン、アミノ酸および天然物よりの抽出物である麦芽エキス、酵母エキスなどの有機態のものが常用されます。また、生育や子実体形成に必須の有機塩類やビタミン類を与えるために多くの添加剤を加えます。一方、キノコ菌

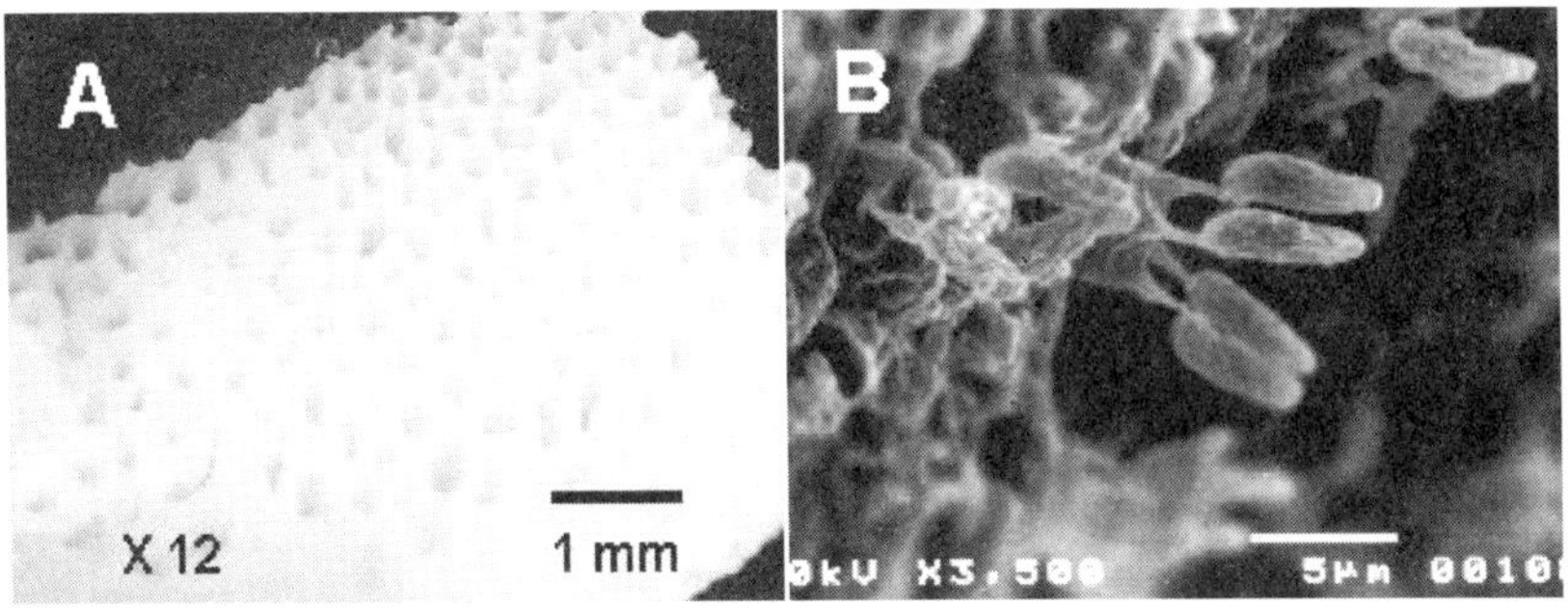

図4　褐色腐朽菌オオウズラタケ *Fomitopsis palustris* (Yoon 2002b)
(A)子実体の光学顕微鏡写真、(B)細孔内に存在するオオウズラタケの担子胞子の電子顕微鏡写真

床栽培では、木粉以外に栄養分を補うために米ぬかやフスマなどが使われます。

●代謝系の酵素活性

表2に、白色腐朽菌と褐色腐朽菌の生化学的特徴の比較を示します。キノコの菌糸での栄養成長から子実体形成への生殖成長へ切り替わる時点で、生理的に大きな変化が起きますが、その代謝生理に関する研究はほとんどありません。ここでは、木材腐朽菌オオウズラタケを用いて子実体形成過程における代謝系の変動を酵素学的に調べた最近の著者らの研究結果を紹介します。

オオウズラタケは、日本工業規格の木材保存薬剤効力を評価する試験菌としてよく研究されているにも関わらず、その子実体を見た人はほとんどいません。**図4**は、著者らの研究により液体培養系で形成されたオオウズラタケの子実体(A)とその担子胞子(B)を示します。

オオウズラタケの栄養菌糸成長期から子実体形成期までにおける代謝系の酵素活性の変動を調べますと、オオウズラタケの栄養菌糸成長期では、グリオキシル酸経路と連係してシュウ酸合成が活発に起こり、細胞増殖に必要なエネルギーを獲得しますが、子実体形成期においては、子実体およ

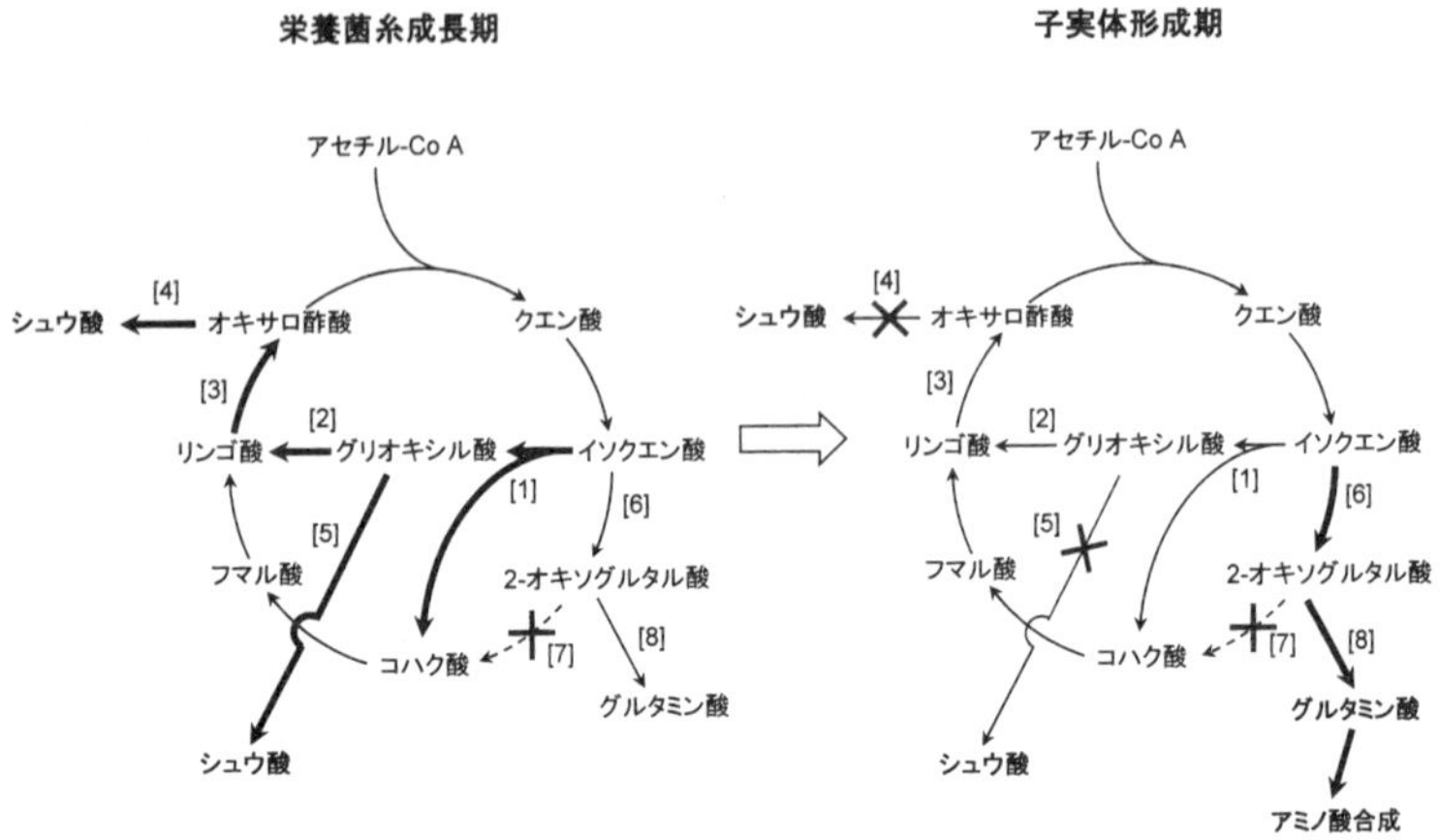

図5 オオウズラタケの栄養菌糸成長期および子実体形成期における炭素代謝経路の変動(Yoonら 2002b より)

(1)イソクエン酸リアーゼ、(2)リンゴ酸合成酵素、(3)リンゴ酸脱水素酵素、(4)オキサロアセターゼ、(5)グリオキシル酸脱水素酵素、(6)イソクエン酸脱水素酵素、(7) 2ーオキソグルタル酸脱水素酵素、(8)グルタミン酸脱水素酵素

び胞子を作るために必要なアミノ酸を合成するため、イソクエン酸脱水素酵素と連動してグルタミン酸合成系に代謝系が転換することが示唆されました(**図5**)。すなわち、これらの二つの代謝プロセスは、本菌のライフサイクルにおいて要求されるエネルギー及び代謝物を精密に調節制御するものと考えられます。

【参考文献・図書】

江口文陽・渡辺泰雄編『キノコを科学する』地人書館、二〇〇一年
島田幹夫・Yoon,J.J.・Munir,E.・服部武文『【総説】木材腐朽菌の代謝生理：銅耐性とシュウ酸、そして腐朽の生化学』木材保存、二八巻三号、八六～九七項、二〇〇二年
田宮信夫・八木達彦訳『コーン・スタンプ生化学』第五版、東京化学同人、一九八八年
古川久彦『きのこ学』共立出版、一九九二年

村尾澤夫・荒井基夫編『応用微生物学』培風館、一九九六年
Munir, E., Yoon, J.J., Tokimastu, T., Hattori, T. and Shimada, M. "New role for glyoxylate cycle enzymes in wood-rotting basidiomycetes in relation to biosynthesis of oxalic acid", J. Wood Sci. 47, 368–373(2001a)
Munir, E., Yoon, J.J., Tokimastu, T., Hattori, T. and Shimada, M "Physiological role of oxalic acid biosynthesis in the wood-rotting basidiomycete *Fomitopsis palustris*", Proc. Natl. Acad. Sci. USA. 98, 11126–11130(2001b)
Yoon, J.J., Munir, E. Miyasou, H., Hattori, T., Terashita, T. and Shimada, M. "A possible role of the key enzymes of the glyoxylate and gluconeogenesis pathways for fruit body formation of the wood-rotting basidiomycete *Flammulina velutipes*", Mycoscience 43,327–332(2002a)
Yoon, J.J., Hattori, T. and Shimada, M. "A metabolic role of the glyoxylate and TCA cycles for development of the copper-tolerant brown-rot fungus *Fomitopsis palustris*", FEMS Microbiol. Lett. 217, 9–14(2002b)

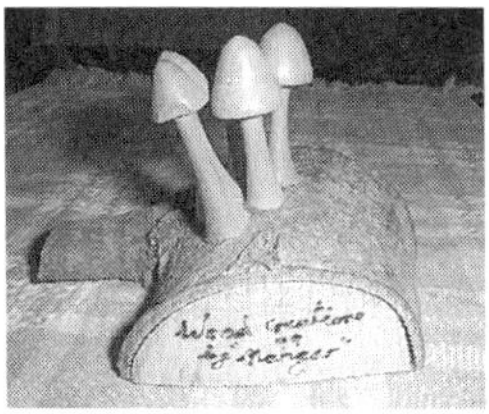

男性型脱毛症防止にキノコが有効??

男性型脱毛症というのは、男性にとっては永遠の悩みの一つです。その原因の一つとしては、毛根内にある5α-レダクターゼという酵素が過剰分泌し、男性ホルモンと結合して毛母細胞の活性を阻止することによって毛髪の生成を止めるものであるといわれています。また、免疫力低下も毛母細胞の活性を阻害する要因として挙げられます。したがって、脱毛症を解消するためには、毛母細胞の活性化が必須です。

最近、キノコから抽出したエキスを配合した毛髪剤が商品化され、話題を集めています。現在まで、食品の免疫復活作用に関するさまざまな研究機関で研究が進行して来ましたが、その中でもキノコ類において高い免疫復活作用があるということが明らかになっています。この作用は、キノコ類に含まれているβ-グルカンが深く関わると言われています。さらに、β-グルカンには男性型脱毛症の原因となる5α-レダクターゼの生成を阻害する作用があると報告されています。このことから、免疫力の低下や男性ホルモンが過剰分泌された頭皮にキノコのエキスを塗ることによって毛母細胞が再び活性化され、脱毛症の予防に効果的かもしれません。

第三節　キノコの栽培法

●キノコ栽培の歴史

シイタケ栽培は古い歴史を有しており、中国が起源で一一〇〇年代に浙江省の慶元で呉三公がシイタケ栽培を普及したとされています。我が国でも、やはり歴史は古く、一六〇〇年頃に豊後（大分）や伊豆（静岡）を中心に人工栽培が開始されていました。手法は原始的であり、クヌギ、コナラ類の原木にナタ目を入れ、自然に浮遊する胞子の付着を待つといったものでした。豊後の源兵衛、伊豆の駒右衛門（後に豊後の岡藩に招聘される）らの名前が残っています。

図１　森喜作博士の銅像（群馬県桐生市）

一九〇〇年頃にシイタケ栽培に変革期が訪れています。田中長嶺が菌糸の蔓延したほだ木を粉にして原木にふりかける人工接種法を考案し、楢崎圭三が本法の普及活動を行いました。さらに三村鐘三郎によって、ほだ木の一部を原木のナタ目に埋め込む「埋ほだ法」が提唱されました。一九三〇年頃に純粋培養法の基礎となるおが屑種菌が森本彦三郎によって考案され、北島君三によって完成されました。研究面では、西門義一の交配に関する業績が特記され、シイタケ菌の品種改良の基礎を築きました。そして、一九四三年に森喜作によって「種駒」が発明され現在に至っています（図１）。この種駒がシイタケ栽培の効率化に革命をもたらしたのは有名な話です。このシイタケ

表1　栽培されているキノコ類(きのこ年鑑2004)

菌の生活様式	商業生産
木材腐朽菌	シイタケ、エノキタケ、ブナシメジ、ヒラタケ、ナメコ、マイタケ、エリンギ、タモギタケ、クリタケ、ヤナギマツタケ、ムキタケ、ブナハリタケ、ウスヒラタケ、キクラゲ、ヤマブシタケ、クロアワビタケ、ヌメリスギタケ、マンネンタケ、ハナビラタケ、ブクリョウ、バイリング
腐植菌	ツクリタケ（マッシュルーム)、フクロタケ、キヌガサタケ、ヒメマツタケ（アガリクス茸)、ハタケシメジ
菌根菌	なし（ホンシメジで子実体発生例)
寄生菌	なし（冬虫夏草菌類を研究中)

種駒の発明は、真珠、海苔、姫鱒の養殖法などの発明と並んで、我が国の農学分野の誇るべき業績と評価されています。

現在は、キノコ栽培の大部分が菌床法を採用しています。これはおが屑やコーンコブ(トウモロコシの穂軸を砕いたもの)に数種の栄養分を添加して、殺菌後に種菌を接種し、環境因子を制御して、効率よくキノコを収穫するものです。種菌は、たいていおが屑に純粋培養したものが汎用されますが、韓国や中国では液体種菌を使用する例もみられます。シイタケ栽培だけは原木を用いる方法が続いてきましたが、最近は、菌床栽培の占める割合が急増して約七割以上になってきています。

●栽培されているキノコの種類

表1に現在栽培されているキノコの種類を示します。長い栽培歴を有し生産規模が安定しているのは、シイタケ、エノキタケ、ブナシメジ、ヒラタケ、ナメコ、マイタケ、ツクリタケ(マッシュルーム)です。この他、林野庁の統計に計上されているキノコとして、タモギタケ、キクラゲがあります。さらに、最近注目を浴びているキノコとして、エリンギがあります。

最近、新しいキノコが次々に栽培化されるようになってきました。ヌメリスギタケ、ハタケシメジが商品化されています。また、ヒメマツタケ（アガリクス茸）、ヤマブシタケ、ハナビラタケ、ブナハリタケが薬効を期待されて需要が伸びています。この背景としては、単に食材としての位置付けよりも、健康食品としての期待度が高いように思えます。キノコは、生活習慣病、免疫力増加などに対する極めて優れたものとして認知されるようになってきています。

●シイタケ原木栽培

原木栽培の主流はシイタケ（*Lentinula*《レンティニュラ》 *edodes*《エドデス》）です（図2）。シイタケは江戸時代より四〇〇年の歴史のなかで、品種改良、栽培方法など数多くの工夫が施されてきました。グアニル酸を主体とする呈味をもち、レンチナンによる独特の香りがあり、我が国の食材として欠くことのできない存在です。シイタケの製品としては、収穫されたそのままの生シイタケと、乾燥機内にエビラとよばれる棚に乗せて五〇〜六〇℃で一〜二日間送風乾燥された乾シイタケとがあります。主産地は、乾シイタケでは原木での野外栽培の適地に恵まれた大分や宮崎など九州地域が多く、生シイタケでは都市圏の消費地に近い北関東の群馬や茨城などの地域が目立っています。

図2 原木栽培でのシイタケ子実体

栽培用の原木としてクヌギやコナラがよく用いられ、一部ではミズナラも利用されます。樹種特性の大きな決め手は樹皮の厚さや形状であり、厚い樹皮では発生してくるシイタケは大型で肉厚になるが量が少なくなり、薄いものでは多く発生するが一般に小型で、樹皮が剥がれやす

図4　シイタケの施設栽培(宮崎県椎葉村)

図3　シイタケの自然栽培(中国・黒竜江省)

くなります。原木の径級は小さいと早く発生しますが、寿命が短く、大きいものでは寿命は長くなるが発生までに時間がかかります。シイタケの発生時期や子実体の形質などの条件を満たすには、樹齢一五~二〇年生位のコナラとクヌギが適していることになります。原木は樹液の流動が停止し貯蔵養分が多くなる十一月ころの、葉が七分黄葉した時期に伐倒し、枝葉がついたまま一~二カ月の乾燥期間(葉枯らし)を経て一~一・二メートル位に玉切ります。

原木栽培は野外での自然栽培と(図3)、ハウス室内で行う施設栽培(図4)とがあります。自然栽培では、一二月から四月までに原木に穿孔して(直径八・五~九・二ミリメートル)シイタケ種菌を接種します。一般的な種駒の場合、穿孔数は原木の直径の二倍くらいが目安となります。普通、直径一五センチメートルの原木では約三〇個を接種します。キノコの菌糸は原木内では導管にそって縦方向に伸長しやすく、横方向には伸びにくいため、穿孔の配列は千鳥状に、縦に疎、横に密にするのが良いといえます。種菌は十数社から百種類以上の品種が市販され、種駒、成形駒、おが屑種菌があり、目的とするシイタケの形質に応じて選択されます。乾シイタケを作るのであれば、低・中温発生型の種駒を、生シイタケでは、高温発生型の成形駒やおが屑種菌が選ばれます。種駒を接種された原木(ほだ木)は、シイタケ菌糸が蔓延しやすい環境に置かれます(ほだ場と呼ぶ)。ほだ場は木漏れ日が差し込む、温度、湿度が適した林が選ばれます。春に発生するものは春子(本書のカバー裏)、秋に発生するものは秋子と呼ばれます。低温で乾きぎみな気候では、発生した子実体は、ひび割れた白色系のシイタケになり(天白冬菇《てんぱくどんこ》)、良好な形質とされています。通常のサイズのほだ木であれば、三〜四年間春と秋に発生します。細いほだ木では種駒を接種してから短期間で子実体の発生がみられますが、寿命が短くなります。逆に太いほだ木では、発生までに時間がかかりますが長期間にわたって(場合によっては一〇年位)シイタケの発生が期待できます。

施設栽培では、ハウス内で一年を通じて行われます。自然栽培での場合に比べ倍以上の種駒を接種します。成形駒やおが屑菌(スチロール栓で植菌穴をふさぐ)の早生系の品種が選択され、より早く完熟ほだ木を作り、半年後にはシイタケを発生させます。浸水槽への浸漬処理を経て発生させる工程を十数回繰り返し、二年間位でほだ木の寿命を終えます。最近では、シイタケ団地が形成されて、集約的な施設栽培が始められています(図5)。

図5　シイタケ生産団地(宮崎県諸塚村)

●大きく普及した菌床栽培

現在栽培されている食用キノコは、ほとんど菌床から生産されています。菌床栽培は、おが屑にコーンコブ、米ヌカ、フスマなどの添加物を加え、水を含ませ含水率を約六〇%に調整した培地をポリプロピレン(ＰＰ)

袋（一・二〜二・五キログラム）やボトル（五〇〇〜八〇〇グラム）に詰めて、殺菌を行います。殺菌工程がこの菌床栽培の大きな特徴の一つで、水蒸気により一〇〇〜一二〇℃で常圧あるいは高圧殺菌が施されます。菌床を放冷してから、おが屑あるいは液体種菌を接種し、三カ月くらいかけて完全に菌糸が蔓延した菌床を作ります。そして、原基形成誘起のために低温処理などを施し、子実体を発生させます。

シイタケではPP袋が汎用されており、円柱型や角型の菌床で栽培されます。原木栽培では、菌糸が完全に蔓延するまでに約一〜一・五年かかるのに比べ、菌床栽培では完熟菌床が出来上がるまでに三カ月位しかかかりません。PP袋の上部を開放したり、剥ぎ取って環境条件を制御したハウス内で子実体を発生させる方法で、原木栽培とはまったく異なった栽培形態です。原木栽培に比べ作業が容易で、培地あたりの高い発生歩止まりが特長です。原木栽培での長い歴史を刻んできた経緯から、我が国では菌床栽培に対する理解が十分とは言えず、欧米や中国で積極的に受け入れられてきました。近年、施設園芸として急激に浸透し、原木栽培が主流であった生シイタケでも、菌床栽培が全体の生産量の七割以上を占めるまでになっています。全国くまなく普及してきていますが、徳島県が最も多くの生産量をあげています。菌床の基材として種々の農産廃棄物が活用できるため、バイオマスの有効利用として注目されています。最近では、菌床栽培用の品種が多く開発されており、栽培環境の改善が進み、原木栽培でのシイタケと遜色のない優れた形質のものが生産できるようになってきてい

図6　シイタケ菌床栽培

マイタケ
Glifola frondosa

ナメコ
Pholiota nameko

エノキタケ
Flammulina velutipes

ブナシメジ
Hypsizygus marmoreus

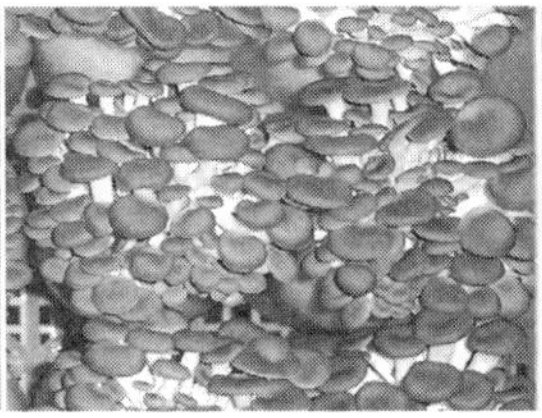

ヒラタケ
Pleurotus ostreatus

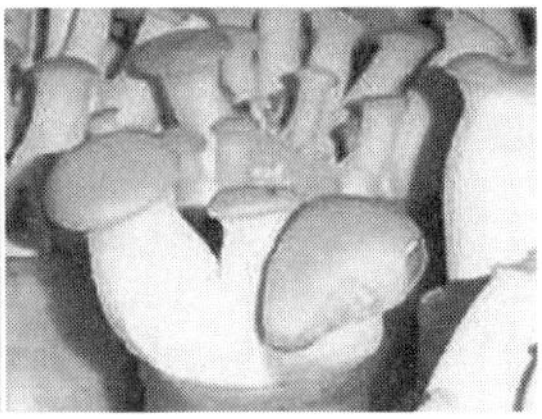

エリンギ
Pleurotus eryngii

クロアワビタケ
Pleurotus abalones

ヤナギマツタケ
Agrocybe cylindacea

ヤマブシタケ
Hericium erinaceum

バイリング
Pleurotus nebrodensis

ヒメマツタケ
Agaricus blazei

ハタケシメジ
Lyophyllum decastes

図7　各種キノコの菌床栽培(12種類)

図8　高機能成分の効果が期待されるハナビラタケ：*Sparassis crispa*

ます(図6)。

シイタケ以外のキノコは、ほとんど菌床栽培されています(図7)。菌糸が十分に培地に蔓延した後に子実体発生を誘起させるために、菌床表面を掻き取る(菌かき)ことや、水を五〇ミリリットル位注ぐ(注水)操作を施すなどの工夫が施されているものもあります。また、栽培されるキノコによっておが屑の種類が異なっており、シイタケ、マイタケ、ナメコなどでは広葉樹、エノキタケ、ブナシメジ、エリンギなどでは針葉樹が汎用されています。また褐色腐朽菌のハナビラタケはカラマツのおが屑が利用されています(図8)。

各種キノコの子実体形成に向けて、最も適した環境を科学的に明らかにすることが大切です。筆者らは、いち早くシイタケ菌床栽培の合理性を説き、樹種特性や培地組成、生育促進添加物、水分環境、呼吸によるCO_2発生、菌床の熟成度、酵素活性の変動、酵素遺伝子の発現、子実体発生制御など一連の試験を行い成果を報告しています。

最近、いろんなキノコに電気インパルスを印加すると、子実体の発生量が急増することが著者らにより明らかにされました。キノコ菌床に直接電極を差し込み、二〇〇キロボルトの電圧(一五〇ナノ秒)を印加すると四品種のシイタケの発生量が急増しました(図9)。エリンギやブナシメジなどの主な栽培キノコ九種類でも同じように、子実体発生促進効果が認められました。ひき続き、産学官の共同研究として種々の

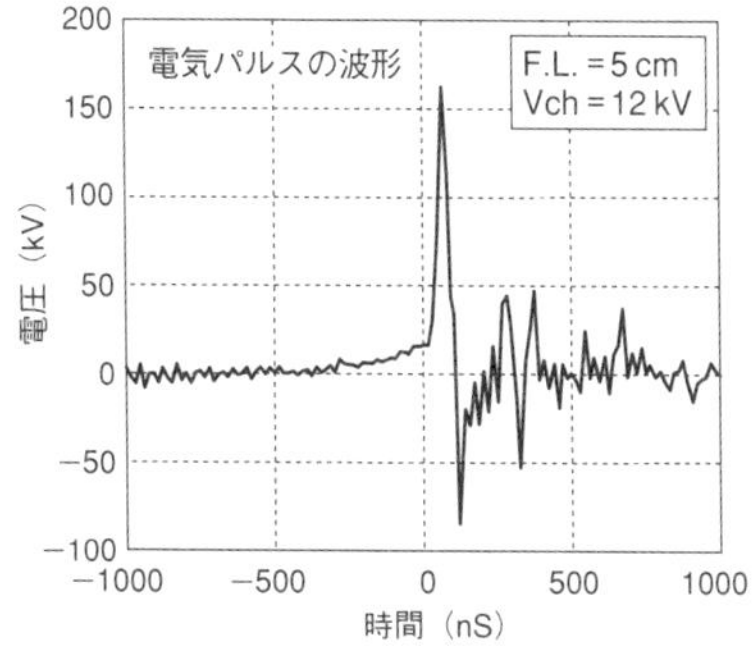

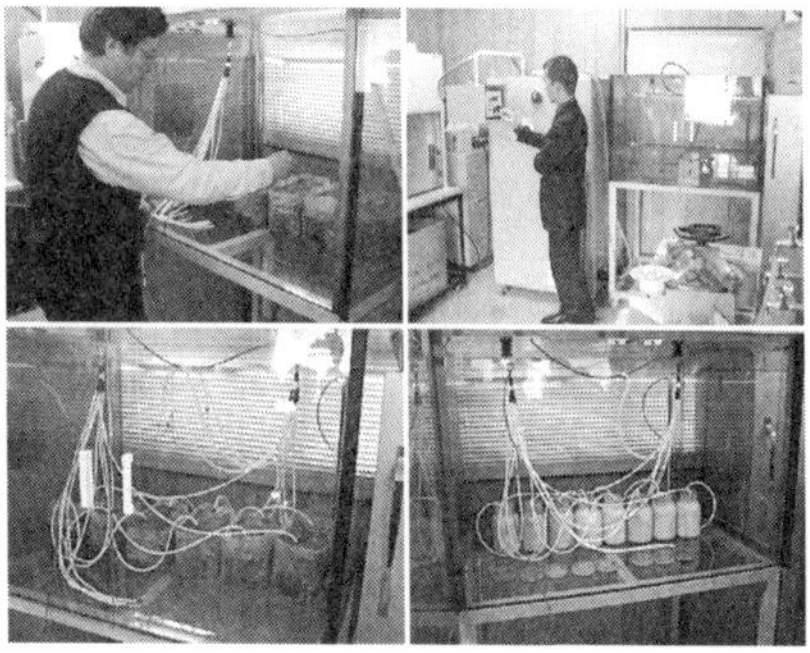

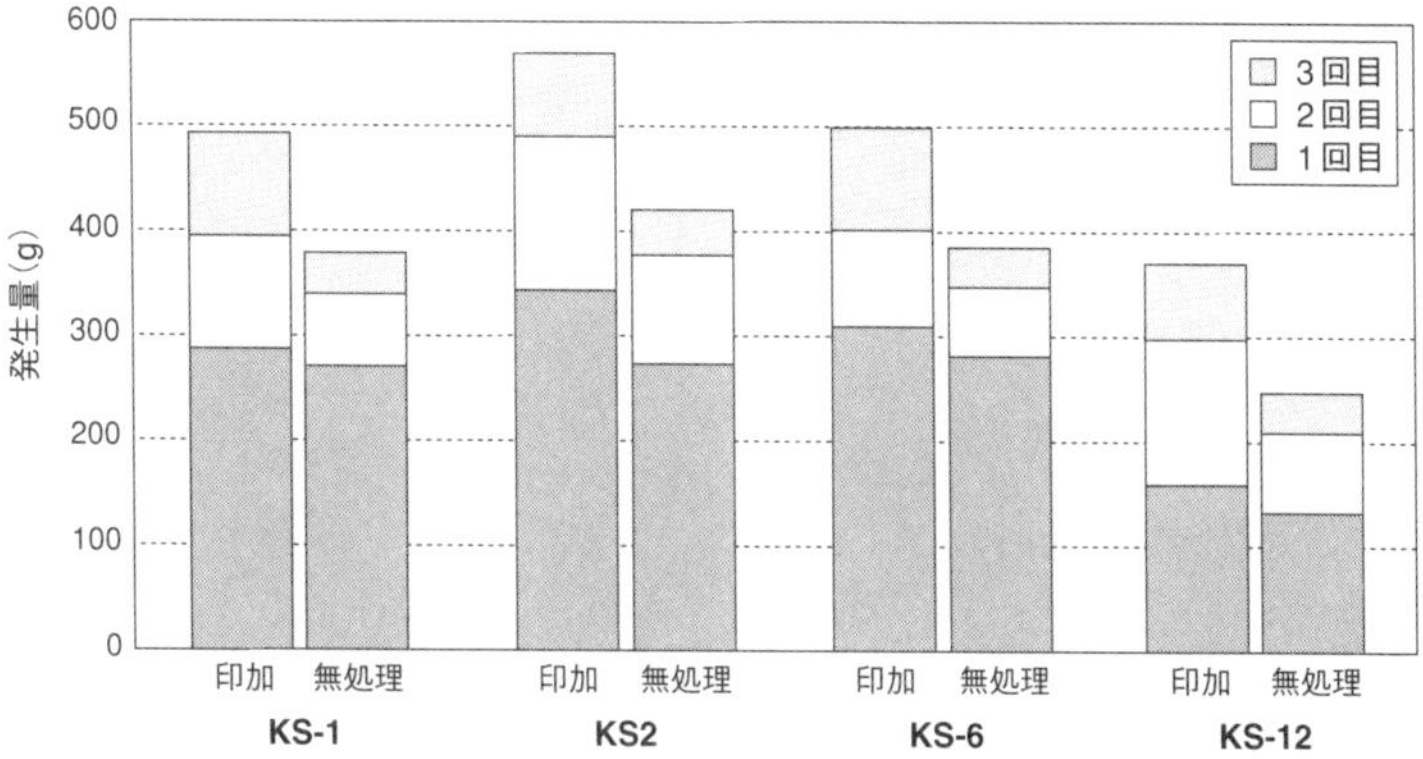

図9　シイタケ(*Lentinula edodes*)発生量におよぼす電気インパルスの印加効果(200 kV印加、150 ns)

印加装置を用いて、より詳細な試験研究が行われています。

●長い歴史を有する堆肥栽培

非木質系のイネ科植物の茎葉を利用してキノコ栽培を行う方法が堆肥栽培です。欧米で盛んなマッシュルーム(図10)や東南アジアでのフクロタケ(図11)の栽培に汎用されている、長い歴史を有する方法です。世界的にみれば、最も多くの地域で使われている栽培法です。近年、薬効が高いとされているヒメマツタケも、この方法で栽培されます。堆肥の調製は原材料の加湿、軟化のための一次発酵と殺菌、熟成の二次発酵の工程からなっています。

図10　マッシュルーム(*Agaricus bisporus*)栽培(イギリス・ウォーリック)

図11　フクロタケ(*Volvariella volvacea*)栽培(タイ・カセサート)

一次発酵では、原材料を浸水処理した後、尿素、硫安、炭酸カルシウム、米ヌカなどを混合し、加水と切り返し(好気性菌の活性化)を繰り返します。本工程で、自然に増殖する微生物を利用して、培地の腐植軟化を行います。続いて堆肥を床詰めし、自然発酵や加温による発熱で、菌床の殺菌と熟成、アンモニアの除去を行います。堆肥栽培では、菌床栽培で不可欠の機器による蒸気殺菌工程がなくてすませるのが特長といえます。

二次発酵終了後に種菌を接種し、菌糸を菌床に蔓延させます。子実体発生に先立ち菌床表面を植壌土で覆土して、原基形成を促すのも特徴的です。覆土の科学的な根拠は、菌床表面の保

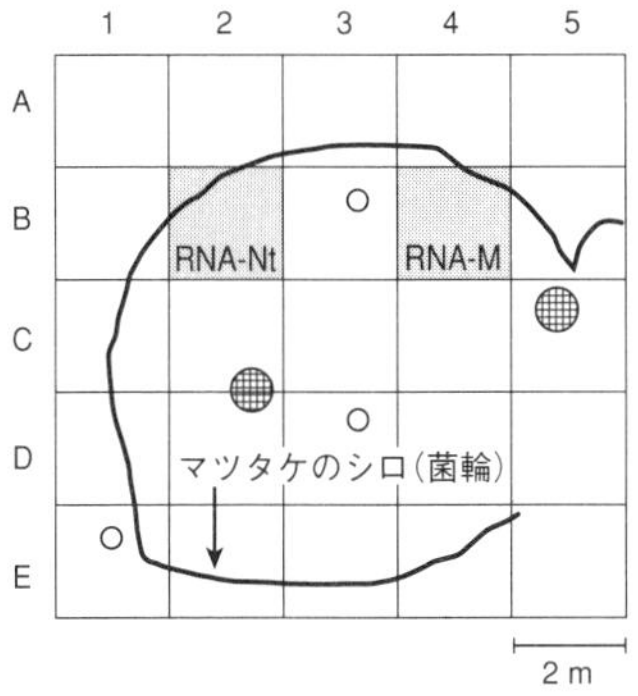

[実 験]
試験地 100 m² を 1 区画 2 × 2 m の 25 区画に分割。そのうちの 2 区画に 2 種類の核酸関連物質、リボ核酸(RNA-M)と、5'-ヌクレオチドの混合物(RNA-Nt)をそれぞれ散布した。

[結 果]
下記のグラフのように核酸関連物質を散布した 2 つの区画は、ほかの区画に比べ、マツタケの子実体発生量が大きく増加した。

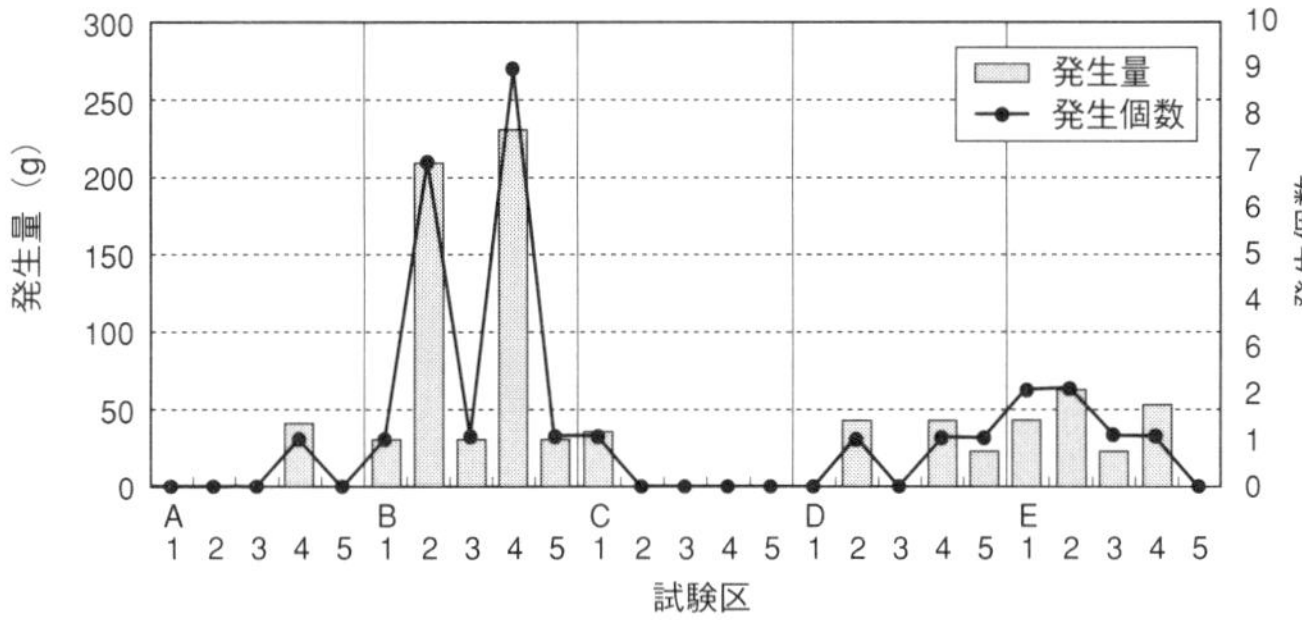

図 12 マツタケ(*Tricholoma matsutake*)発生林への核酸関連物質の散布効果(韓国・忠清北道)(大賀ら 2002)

湿、微生物相による刺激、酸素供給環境の変化など諸説報告されています。

● 菌根菌栽培の可能性

我が国で最も好まれているキノコであるマツタケに関して、感染苗方式(純粋培養したマツタケ菌が着生したアカマツ苗を母樹のわきに植えて感染させる方法)など、過去熱心な栽培研究が試行されましたが、再現性ある方法が見つかっていません。菌根菌は生きた樹木の細根に菌根を形成して、共同生活を営んでいるため、実験が複雑で難しいのが理由の一つです。九州大学と韓国の忠北大学、忠清北道森林環境研究所、槐山森林組合との共同研究では、マツタケ発生林に核酸関連物質を散布すると、マツタケの発生が大幅に促進され、無処理区に比べて約五倍の収穫があり話題となりました（図12）。これらの研究成果は公表されており、今後も継続的な試験が展開される予定で、新たに中国吉林農業大学との共同研究で吉林省長白山のマツタケ林での試験が開始されています。

近年、ホンシメジの栽培が可能になりました。あらかじめ純粋培養しておいた菌糸を接種、培養するもので、実際にホストなしの菌床で子実体発生がみられています。菌床に加える栄養分として大麦が顕著な効果があると報告されています。この他、核酸関連物質も同様に効果が確認されています。また空中取り木によって調製された無菌苗でもホンシメジの子実体が得られています。

菌根菌は共生形態からいくつかのグループに分けられます。樹木との関係で寄生性の強いものから腐生性をみせるものまで幅広く存在しているのかもしれません。すなわち、ホンシメジは菌根菌でありながら、性格は腐生性が高い可能性が考えられます。同じ種のなかでも、同様に腐生性の高いものを見つければ栽培が可能になるはずです。一方、栽培可能となったホンシメジ菌株は、遺伝学的に検討した結果、まったく別の範疇に属すると説く研究者もいます。菌根菌であるマツタケやホンシメジは、形態学的に分類されて今日に至っていますが、新たに分子生物学や生化学の手法により、まったく新規の学説が生まれる可能性を秘めているともいえるでしょう。マツタケの菌株をたくさん収集して、栽培化に適したものを選抜することが望まれます。近い将来、マツタケの人工栽培への道が大きく前進し、夢が実現するかもしれません。

図13　冬虫夏草(*Cordyceps sinensis*)の製品(中国・上海)

●虫から生えるキノコ——冬虫夏草菌

昆虫の幼虫、さなぎ、成虫に寄生するキノコです。主に強壮滋養などの健康、美容に効果があるとされ、高値で珍重されています(図13)。代表種は冬虫夏草《とうちゅうかそう》(*Cordyceps*《コルディセプス》 *sinensis*《シネンシス》)で東チベット高原やヒマラヤに産します。著者らは、まったく新しい培地として、スギ樹皮から調製したポリウレタンフォームが冬虫夏草菌の生育に適していることを見出し、注目をあびています。冬虫夏草菌に関する研究は、国際学会などでよく特別に討論会が開かれ、各国研究者の関心の高さがうかがえます。

●我が国のキノコ生産量

栽培キノコの生産量の推移を図14に示します。全体としては増加傾向にありますが、品目ごとに推移に特徴がみうけられます。

シイタケは減少気味で、特に乾シイタケは、原木不足や後継者問題で深刻な状況にあります。生シイタケは、原木栽培から菌床栽培へと生産形態が急速に変換されてきています。最近の中国からの輸入品の急激な増加の影響で打撃を受けています。中国のシイタケについては、かつては劣悪な形質であまり評判は良くありませんでしたが、最近は国内産と遜色のない高品質のものが輸入されています。主産地が南部の福建省、浙江省から東

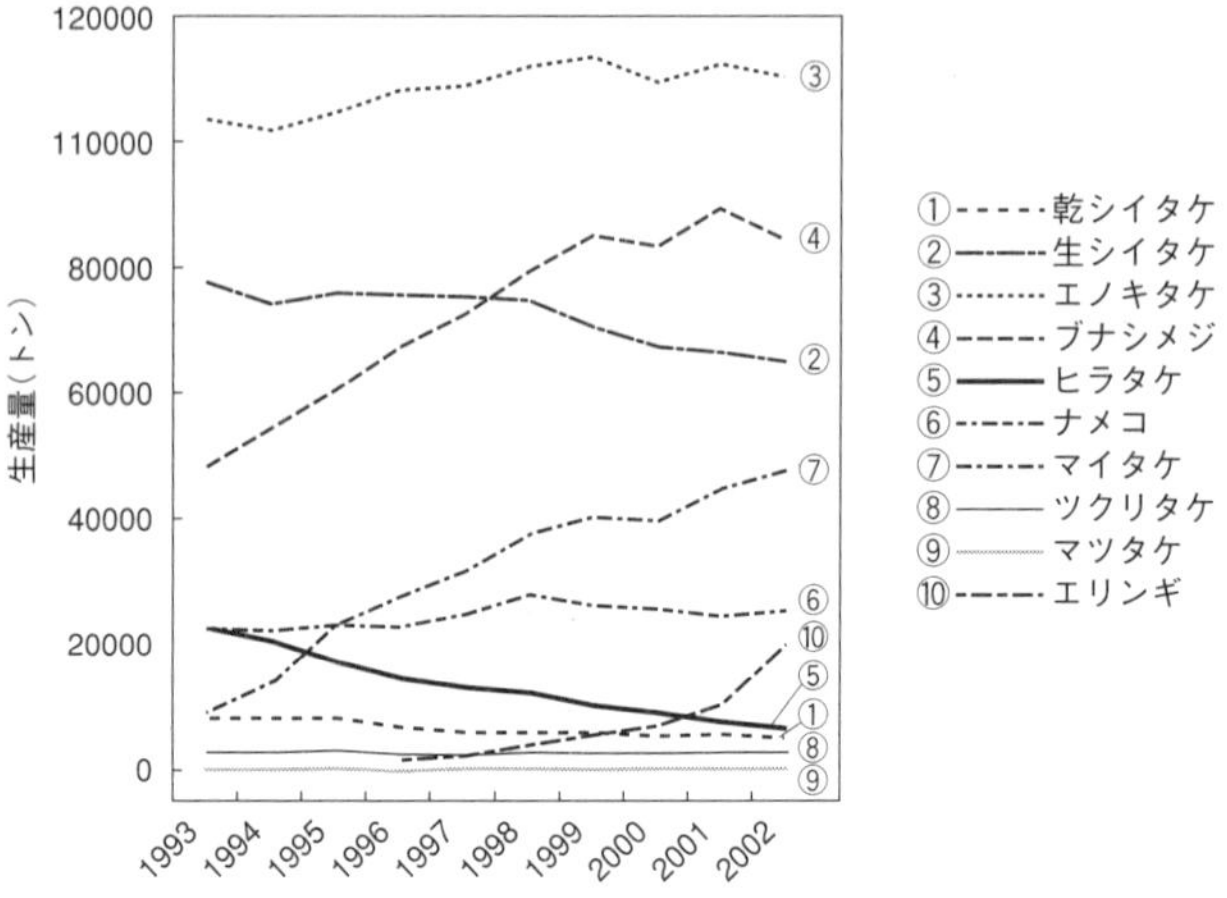

図 14　我が国のキノコ生産量の推移（林野庁林業白書 2004）

北部の吉林省、黒竜江省に広がりつつあります。気象環境からみれば、東北部の方が冷涼で冬菇《どんこ》型のシイタケが生産しやすくなっています。さらに、徹底した品質管理で日本向けへは形質の良いものが選別されています。中国の豊富な資源と労働力に裏付けられた、低価格で高品質のシイタケは我が国の生産者には、たいへんな脅威になっています。日本政府が輸入規制品目の対象として保護の必要性を主張したのは、記憶に新しいところです。二〇〇二年中国の世界貿易機関（WTO）加入で、東北部の特産品であるトウモロコシが、より安価な米国産に駆逐されており、トウモロコシ生産者が新たにシイタケ栽培に作目転換を図る動きがでています。これから中国産シイタケの輸入量が増加して我が国の市場を脅かす雲行きであるのが心配です。ただ最近は、中国産シイタケから農薬など食品衛生上不適切な成分が検出され、我が国の消費者が、「中国産シイタケ」を敬遠しているのが現状です。

エノキタケとナメコは増加傾向を維持しています。ヒラタケは減少を続けています。世界的には人気の高いキノコです

図15　中国、上海地域でキノコ栽培施設

が、我が国ではいまひとつ需要が伸びませんでした。韓国では、キノコといえばこのヒラタケを指すほど標準的な存在で（ヌタリボソッ‥ボソッはキノコの意であるが、通常は省略しヌタリと表現するほど親しまれている）、キノコに対する嗜好性の違いが表れています。増加が目立っているものでは、ブナシメジとマイタケが挙げられます。シメジの名前を冠しているキノコは数多くありますが、いずれも菌根菌のホンシメジを模して名づけられたものです。前述のヒラタケもこの悪習の被害を受けて生産量が伸びなかったといえます。ただ、このブナシメジは正式な標準和名です。製品が市場にデビューした頃はにがみを感じる個体があり、市況は今ひとつでしたが、品種改良や生産工程の工夫でりっぱな子実体が得られるようになりました。マイタケの方は、元来北国のキノコであり、関西、九州地方では馴染みのないキノコでしが、最近巧みなＴＶコマーシャルや、完備された流通機構に乗って、「全国区」として需要が伸び続けてきました。これら二品目はいずれも工場生産体制が整い、オートメーションの進んだ省力生産制御体制が完成しています。従って、シイタケのような人海戦術が通用し難いため、ここのところ脅威にさらされている中国産品の影響を受けることはまず考えられない状況です。最近では、エリンギの急増が目立っており、今後も増加していくものと思われます。近年まれにみるヒット商品で、完全に栽培キノコとして定着しました。韓国、中国や東南アジアでも盛んに流通するようになってきました。特に、タイでは国王の指示の下、国策でエリンギ栽培に着手しています。また、新しいキノコとしてバイリング(*Pleurotus*《プレウロタス》 *neblodensisis*《ネブロデンシス》)が登場しました(図7、本書カバー裏の白いキノコ)。種名のネブロデンシスは、イタリア、シシリー島の地名に由来しているヨーロッパ原産キノコです。味、食感ともに申し分なく、福岡や群馬で大規模生産が開始されました。

最近、中国の上海地域に良く整備されたエノキタケやブナシメジの巨大な生産工場が続々と新設されています(図15)。技術や施設の多くは、我が国のものが移入されていますが、現地の状況を考慮して種々の工夫が実施されています。菌床には、アカマツ木粉、綿実粕など特有の材料が利用されている事例がみられます。筆者らの提案した、菌床の水分環境改善のための高吸収剤を、実際に適用してエリンギやブナシメジを栽培している施設があります。上海地区の一、七〇〇万人の消費と、さらに東南アジアや、遠くアメリカ、オーストラリアにも輸出しています。台湾の台中周辺の企業が積極的に経営参画しており、今後もキノコ生産団地が多く生まれてくるものと思われます。

【参考文献・図書】

岩出亥之助『キノコ類の培養法』地球社、一九七四年
大賀祥治ら『マツタケ子実体発生におよぼす核酸関連物質の効果』九大演報八三号、四三~五二頁、二〇〇二年

大賀祥治ら『キノコ栽培用菌床及びその製造方法』公開時特許公報(A)特開2004-65195、二〇〇四年
太田明『ホンシメジの実用栽培のための栽培条件』日菌報三九巻、一三〜二〇頁、一九九八年
小川真『マツタケの生物学』築地書館、一九七八年
河合昌孝『菌根菌栽培―林地から施設まで―取り木を利用したホンシメジの栽培』日菌報三九巻、一一七〜一二〇頁、一九九八年
寺下隆夫『きのこの生化学と利用』応用技術出版、一九八九年
農耕と園芸編集部『図解キノコの栽培百科』誠文堂新光社、一九八三年
浜田稔『マツタケ日記』退官記念事業会、一九七四年
Ohga, S., Smith, M., Thurston, C.F. and Wood, D.A. "Transcriptional regulation of laccase and cellulase genes in the mycelium of *Agaricus bisporus* during fruit body development on solid substrate", Mycol. Res. 103, 1557–1560(1999)
Ohga, S. "Influence of wood species on the sawdust-based cultivation of *Pleurotus abalonus* and *Pleurotus eryngii*", J. Wood Sci. 46, 175–179(2000)
Ohga, S. and Wood, D.A. "Efficiency of ectomycorrhizal basidiomycetes on Japanese larch seedlings assessed by ergosterol assay", Mycologia 92, 394–398(2000)
Ohga, S. and Royse, D.J. "Transcriptional regulation of laccase and cellulase genes during growth and fruiting of *Lentinula edodes* on supplemented sawdust", FEMS Microbiol. Lett. 201, 111–115(2001)

キノコの不思議

――子実体発生の秘密――

キノコさんたち、
がんばって～！
雷神号
©2004 nakasyan

キノコの魅力は果てしないものがあります。ある日突然「ニョキニョキ」と子実体が、赤・黄・青・緑・白・茶の各色、ずんぐり、ひょろながヽ、球形の姿で我々の前に姿をあらわします。子実体発生の「からくり」は未だにブラックボックスです。キノコは「重力屈性」があり、地球の中心に背を向けるように傘を広げていきます。胞子を落下させるためです。月齢、潮の干満が大きく関係しているケースもみられます。また、台風などの気圧の変動にも敏感に反応しているようです。「満月・新月や大潮」の時や台風の襲来にキノコの発生がみられる傾向があります。

子実体発生機構が解明されれば、キノコ生産にはかりしれない貢献ができます。最近雷インパルスで、子実体発生が著しく増加することが見いだされました。ほとんどの栽培キノコで効果が認められました。「雷キノコ」の誕生です。安全で確実性の高いものに向けて共同研究が進んでいます。

第四節　菌根菌

●菌根菌とはどんな菌？　シイタケとはどう違う

森林を散策するとさまざまなキノコに出会います。キノコは公園の樹林地、庭の植え込み、芝生、朽木などいたるところで見られます。キノコの生える場所は大きく分けると木と地面からですが、森林などで地面をよくみると、落葉の層やそれがさらに分解された腐植層、あるいは本当に土の中からであったりします。キノコの生える場所は、キノコの菌糸の栄養の摂り方と深い関係があります。キノコは従属栄養生物といわれ、生きるために必要なエネルギー源である炭水化物を合成できず、他の生物に依存してこれを摂取しています。生きている植物と共生して栄養を得ている菌が、この節でとりあげるマツタケに代表される菌根菌です。一方、シイタケは木材腐朽菌の仲間で、死んだ樹木から栄養を得ています。このように、マツタケとシイタケの栄養のとり方はまったく違っています。

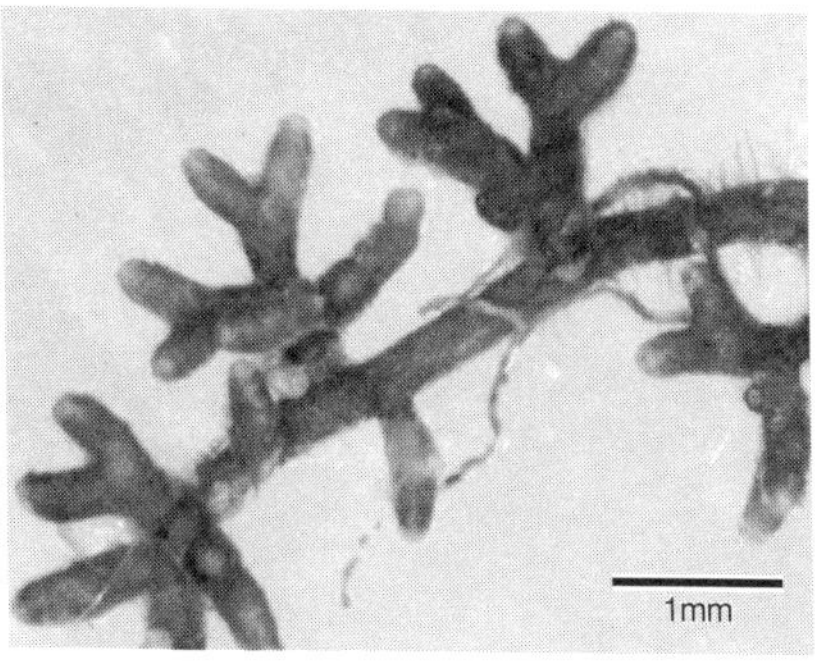

図１　マツに形成されたショウロの外生菌根

菌根菌(mycorrhizal fungi)とは菌根(mycorrhiza)を形成する菌のことです。菌根とは菌(myco)と根(rhiza)の合成語で、菌と植物の根との共生体をさします。菌根菌は、ドイツ北東部にあったプロイセン王国のフランク(Frank)によって一八八五年に報告されました。菌と植物の種類および菌根の形態によって、菌根は外生菌根(ectomycorrhiza、図１)、アーバスキュ

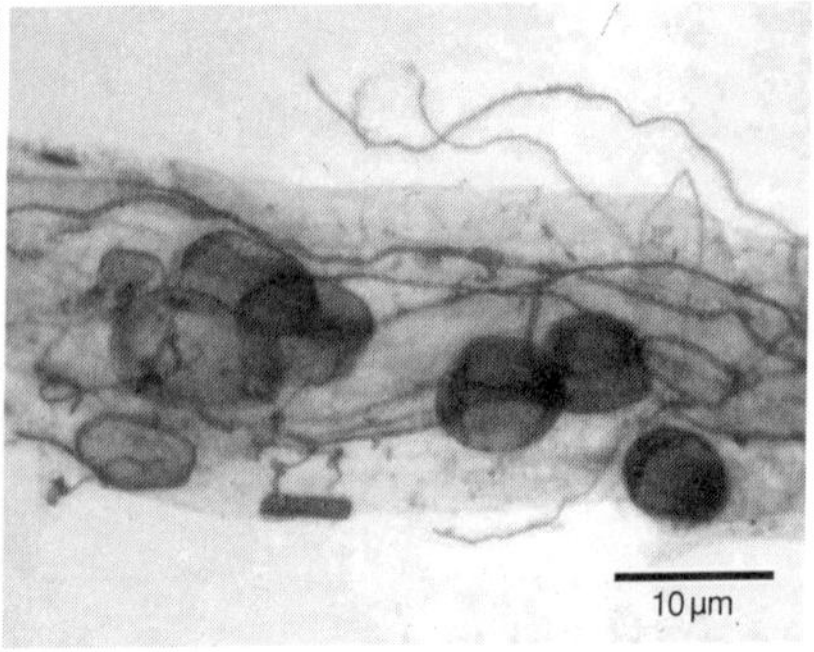

図2　シバ(ベントグラス)に形成されたアーバスキュラー菌根

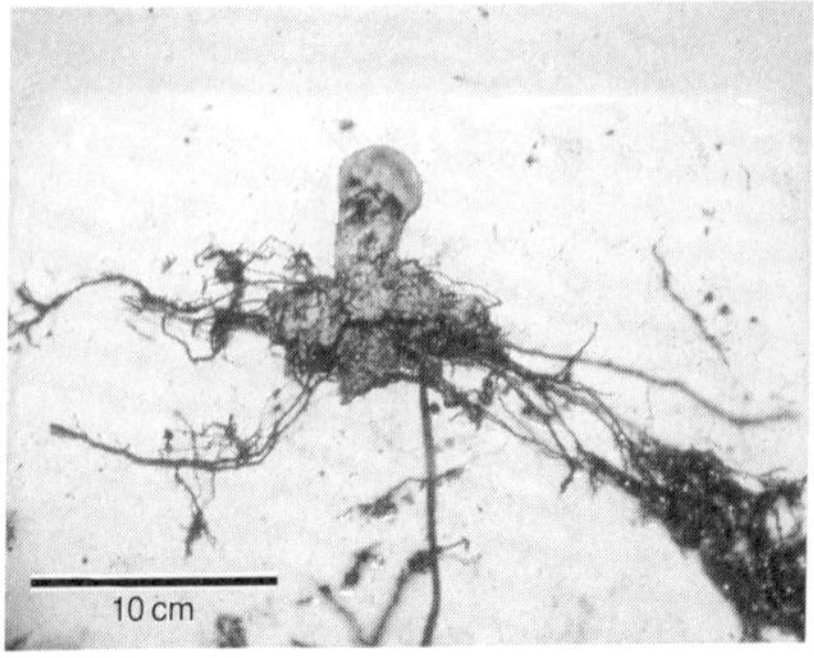

図3　木の根と菌糸体でつながれたキノコ

ラー菌根(arbuscular mycorrhiza, VA(vesicular-arbuscular) mycorrhizaともいう、**図2**)、内外生菌根(ectendomycorrhiza)、アーブトイド(arbutoid)、シャクジョウソウの菌根(monotropoid)、ツツジの菌根(ericoid)、ランの菌根(orchid)に分けられます。外生菌根では、菌糸が細根の細胞間隙に侵入しますが、細胞壁内に侵入することはほとんどありません。これ以外の菌根では細胞壁内に侵入し、細胞膜内に入り込むことはまずありません。

ここではキノコを発生するという観点から、樹木の根と深い関係をもって生活する外生菌根菌について記述します(**図3**)。外生菌根をつくる樹木の種類は、裸子植物と被子植物を含む種子植物の約三%と少ないように感じますが、実は、地球上での優占度が高く木材としての経済的価値の高い樹木と共生しています。たとえば、北半球で広い面積を占めるマツ科、温帯のブナ科、カバノキ科、ヤナギ科、南半球温帯・亜熱帯のフタバガキ科です。外生菌根菌の大部分は担子菌であり、少数が子《し》のう菌、一部が接合菌に属します。

●外生菌根菌の生活——棲み家、栄養、繁殖方法

菌根性キノコの本体は菌根菌の菌糸です。それでは、樹木と共生する菌

糸はどのような生活を送っているのでしょうか。

菌糸の棲み家は樹木の根のある場所、つまり土の中です。外生菌根がつくられるのは、裸子植物の針葉樹ではマツ科の一〇属とヒノキ科の二属のみ、被子植物では三三科一一五属です。驚いたことに、外生菌根のみを形成する属は約半数で、残り半数は外生菌根とともにアーバスキュラー菌根も形成します。

菌根菌の大部分は広い寄主範囲をもっていますが、ある種の菌は特定の樹木に非常に高い寄主特異性をもっています。日本の森林帯を構成するブナ・ミズナラ林、シイ・カシ林、二次林であるクヌギ・コナラ林などの広葉樹林では、非常に多くの菌根性キノコが発生します。けれども、コウタケ、バカマツタケなどの広葉樹林でしかみられないもの、マツタケ、ショウロ、ハツタケなどのマツ林でしかみられないもの、そして、タマゴタケ、ホンシメジなどの広葉樹林とマツ林のいずれにでもみられるものがあります。一方、日本の人工林を構成する代表的なスギ、ヒノキの針葉樹の根にはアーバスキュラー菌根が形成され、外生菌根はつくられません。スギ・ヒノキ林で見られるキノコの種類が広葉樹林よりも少ないことが納得できます。

図4　地表面からみえる白くてしっかりとした外生菌根菌のコロニー（バカマツタケ）

キノコを形成するには、キノコに栄養を供給する一定量の菌糸のコロニーが必要です。菌根菌の種によって、菌糸がまとまって一定体積のコロニーをつくるもの、小さいコロニーが分散して菌糸のネットワークで結ばれているものなどがあります。マツタケやバカマツタケは、白くてしっか

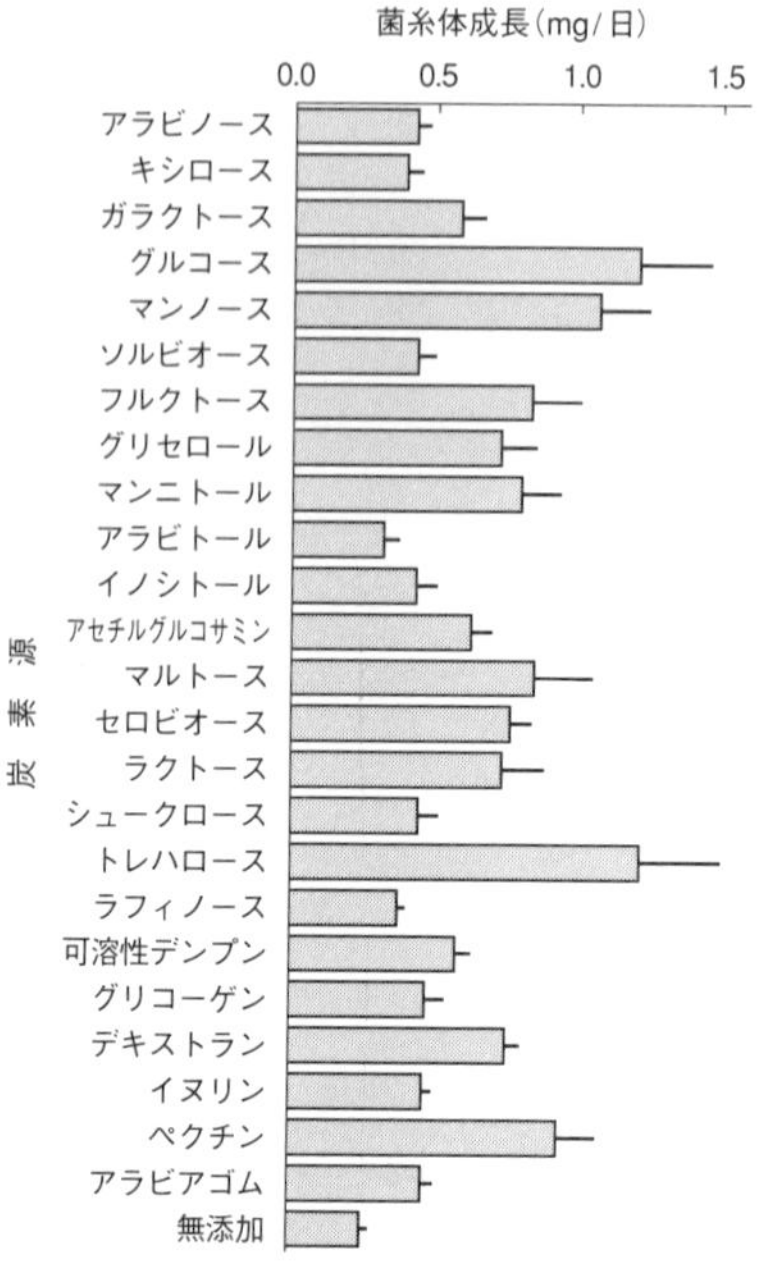

図7　いろいろな炭素源でのバカマツタケ菌糸体の成長(Terashima 1999)

図5　外生菌根菌のキノコとコロニー断面(バカマツタケ)

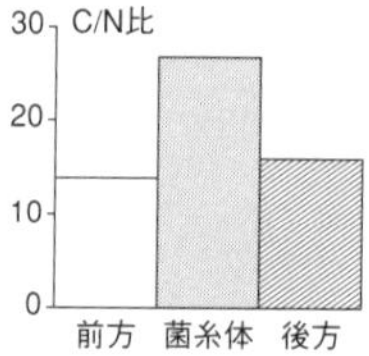

図6　菌糸体コロニー(中央)、その進行方向前方でまだコロニーが形成されていない場所(左)、後方で以前コロニーのあった場所(右)での土壌の C/N 比(Terashima, Mizoguchi 1995)

りとしたコロニーをつくり、指先で押すとおでん材料のハンペンのような弾力があります(**図4**)。マツタケは酸性岩が風化するなどしてできたやせた乾燥土壌のマツ林で、地中深くに二〇~三〇センチメートルほどの厚さのコロニーをつくります。バカマツタケのコロニーは、褐色森林土のブナ科広葉樹林で地表面に近い部分につくられ、厚さ五センチメートルほどです(**図5**)。

　外生菌根菌は何を栄養としているのでしょうか。外生菌根菌は、菌根を介して寄主である樹木からエネルギー源となるブドウ糖やショ糖などの炭水化物をもらっています。**図6**は菌根菌の菌糸体コロニーを中心に、コロニーがこれから進んでいく前方と以前にコロニーのあった後方の土壌での

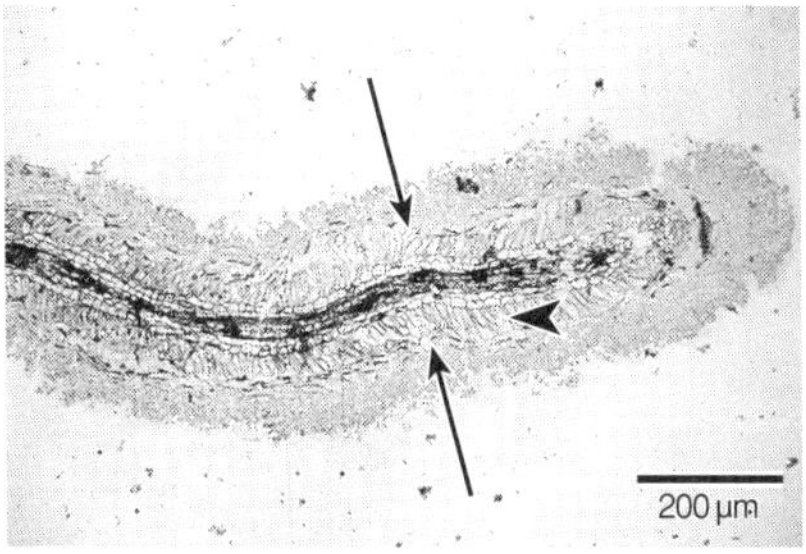

図10　外生菌根の縦断面（バカマツタケ）
矢印から外側が菌鞘、矢頭は斜めに並ぶ表皮細胞

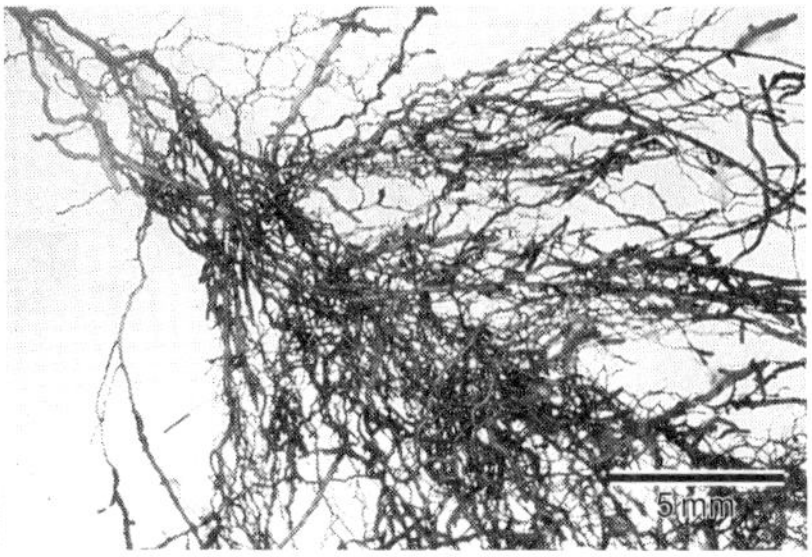

図8　外生菌根菌により竹箒状に分枝した細根

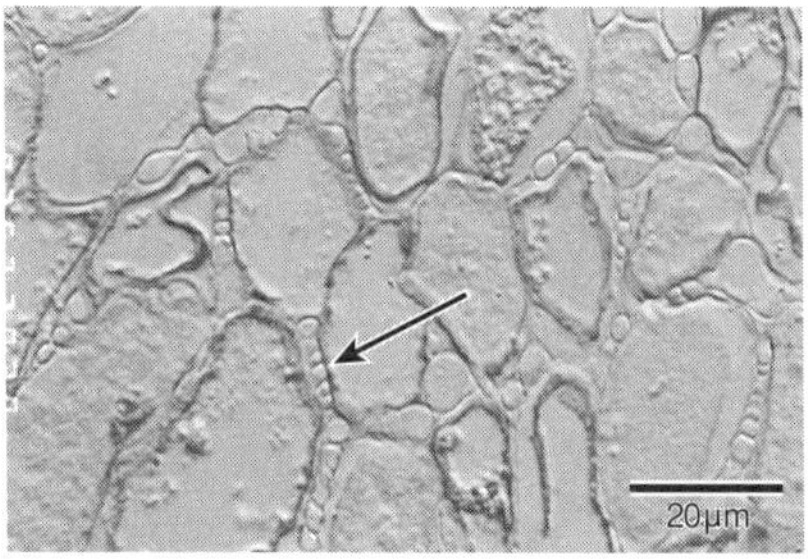

図11　ハルティヒネット（矢印）

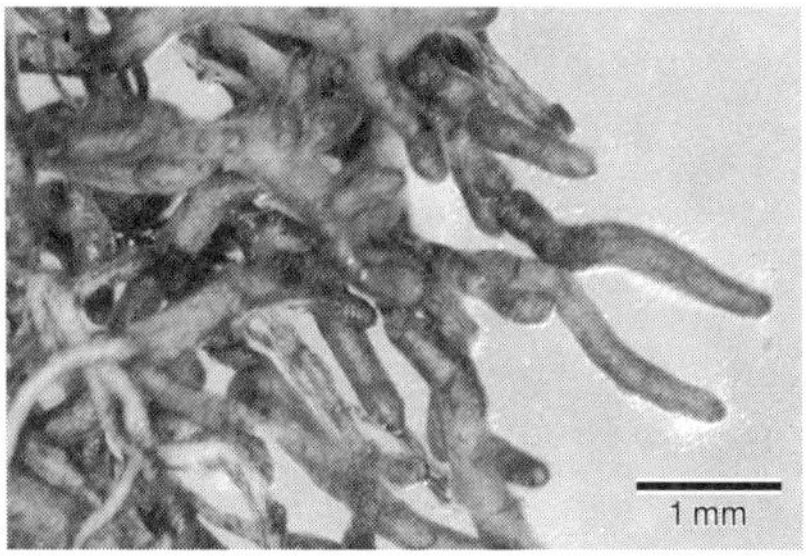

図9　菌鞘に覆われた外生菌根（バカマツタケ）

C／N比（炭素と窒素の含有量の比率）を表しています。菌糸体コロニーの土壌でのC／N比は高く、より多くの炭水化物が菌糸に蓄えられていることがわかります。多くの菌根菌はグルコース、マンノース、フルクトースなどの単糖を利用できます。しかし、デンプン、グリコーゲン、イヌリンなどの多糖を利用する能力は、菌の種類と菌株によって異なります。**図7**は、いろいろの炭素源を栄養源として培地に加えて菌根菌バカマツタケの成長を調べた結果です。木材の構成成分であるリグニンあるいはセルロースを木材腐朽菌のように分解する能力はきわめて限られています。

●菌が樹木の根の形を変える

外生菌根菌は寄主となる樹木の細根に出会うと、まずインドール酢酸、サイトカイニンなどのホルモンを生産して側根を盛んに分枝させます。図8はちょうど竹箒の先のように根が分枝したようすです。細根の周りを菌糸の層で覆って菌鞘（菌套、マントル（mantle）ともいう）という構造をつくります（図9、10）。同時に、ペクチナーゼという酵素によって細胞壁の一部を溶かし、表皮細胞あるいは皮層細胞の間隙に菌糸を侵入させます。菌根菌がペクチナーゼを生産することは、図7の炭素源の中で、細胞壁の構成要素であるペクチンを栄養として利用できることからもわかります。菌根の切片を顕微鏡観察すると、植物の細胞間隙の間に菌糸の輪切りが網の目のようにみられます。この構造が最初に図示されたのは一八四〇年で菌根の発見よりも四五年も早く、図の記述者名にちなんでハルティヒネット（Hartig net）と呼ばれています（図11）。外生菌根菌の感染程度は裸子植物と被子植物とで異なります。裸子植物では、表皮（epidaermis）から皮層（cortex）細胞の数層、さらに内皮（endodermis）にまで及ぶことがあり、作られた構造はコルティカルハルティヒネット（cortical Hartig net）と呼ばれています。一方、多くの被子植物では、感染は表皮に限られ、エピダーマルハルティヒネット（epidermal Hartig net）と呼ばれています。広葉樹の根に対してはホルモンにより表皮細胞の配列を放射線状に変化させてしまいます（図10）。

外生菌根菌の生活は他のキノコとほぼ同じです。キノコの傘のヒダに形成された胞子から一核菌糸が成長し、一核菌糸どうしが交配して二核菌糸となり、栄養を蓄えてキノコをつくるということがホンシメジで実験的に確かめられました。しかし、キノコの胞子が森林の中でどのように飛散して発芽し、菌糸に成長するのか、また、新しいコロニーはどのように増えていくのかということはわかっていません。朝もやの森の中、風に吹かれてキノコの胞子が飛び散る光景はとても印象的です。外生菌根菌の中には、傘のヒダにつくられる有性胞子のほかに、菌糸が分化してできた無性胞子、たとえば厚壁胞子を作る種もあります。有性胞子は環境の変化に耐えることができますが、厚壁胞子はさらに乾燥、温度変化、衝撃などに強い構造をもっています。有性胞子や厚壁胞子は風に乗って撒き散らされるのでしょうか。風のほかに、雨の水が役立っているという説があります。ナメクジにかじられたキノコを見かけたことがあるでしょう。ナメクジやリスなどに食べられたキノコは他の食物と一緒に離れた場所で排泄されます。胞子は、昆虫やタヌキ、アナグマなどの動物の体表に付着して運ばれるともいわれています。さらに、ミミズ、ヤスデなどの土壌動物やネズミなどの小動物が土壌を撹乱することにより、胞子密度の高い場所から低い場所への土壌の移動によって、胞子が拡散します。

●樹木と共に生きる意味

二種類の生物間の共生関係には、共に利益を得る相利共生と、片方だけが利益を得るが他方には影響ない片利共生があります。相利共生の中で、組み合わさる二種類の生物の種類、これらの生理状態、とりまく環境によって、相利共生と片利共生の程度は絶えず変化しています。片利共生が極端に進み、相手が害を被る場合が病原的な寄生です。

外生菌根菌は樹木から栄養として炭水化物をもらっていますが、植物にはどのようなメリットがあるのでしょうか。菌糸の太さは二~五ミクロン、細根の根毛は二〇ミクロン以上です。菌糸のほうが土壌の粒子の間隙をぬって、より多くの空間にまで菌糸を成長させることができます。このことにより、菌糸は根よりも効率的に水分を集めることができます。

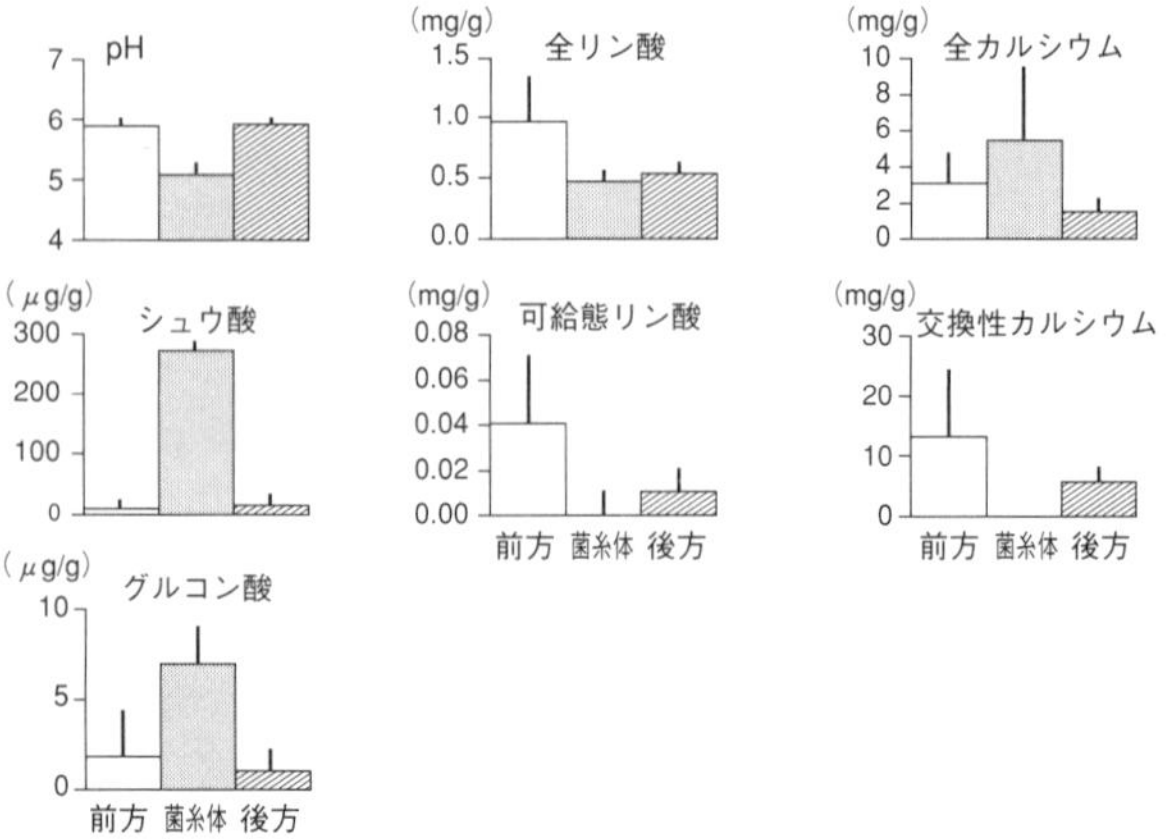

図12　菌糸体コロニー(中央)、その進行方向前方でまだコロニーが形成されていない場所(左)、後方で以前コロニーのあった場所(右)での土壌のpH、シュウ酸とグルコン酸の含有量、全リン酸と可給態リン酸の含有量、および、全カルシウムと交換性カルシウムの含有量(Terashima, Mizoguchi 1995)

外生菌根菌は水の中に解けている窒素、カルシウム、亜鉛、硫黄、リン、カリウムなどの無機塩類を根よりもうまく吸収することができます。日本の森林で、樹木の成長に最も大きな影響を与えているのは栄養的には窒素とリン酸です。どのような工夫で外生菌根菌は樹木の成長に不可欠のリン酸を供給しているのでしょうか。菌はシュウ酸などの酸を生産し、カルシウムと結合して土壌中に集積されたリン酸カルシウムからリン酸を溶出させます。**図12**は、菌糸体コロニー、その前方と後方での土壌の分析結果です。外生菌根菌の生息している土壌でpHが低く、シュウ酸とグルコン酸が多く生産されています。菌糸体コロニーでは、リン酸、特に植物に利用されやすい可給態リン酸が周囲の土壌よりも非常に少なく、リン酸が可吸態リン酸として溶出され、植物に供給されたことを示しています。また、全カルシウムと比べて置換性カルシウムが少ないこともわかります。カルシウムイオンが菌により植物へ輸送されたことを示しています。さらに、菌根は、根系の中で最も弱い細根があたかも菌糸の包帯で覆われたような構造です。この構造のおかげで、押圧などの物理的衝撃、病原菌の侵入から根の先端は守られています。

●健全な木には健全に菌根が宿る

菌根と樹木の根とは「持ちつ持たれつ」の関係であるため、片方だけが利益を得る状態になった場合、この共生関係は崩れます。図13はマツの根に形成されたマツタケの菌根です。たとえば、マツの成木の根にマツタケ菌が菌根をつくっているからといって、苗木にマツタケ菌を接触させて仮に菌根が形成されたとしてもしばらくしてマツの苗木は枯れてしまいます。マツタケの菌糸を養うことができるほどに十分な炭水化物をマツの苗木は作りだせず、菌根菌を養うことが苗木によって大きな負担となったためです。このように、樹齢が菌根菌との共生関係を結ぶための制限要因のひとつとなっています。樹木の年齢とともに共生関係にある菌根菌も変わっていき、菌根菌は自分に十分な炭水化物を与えてくれる、扶養してくれる樹齢に達した健全な樹木と共生します。

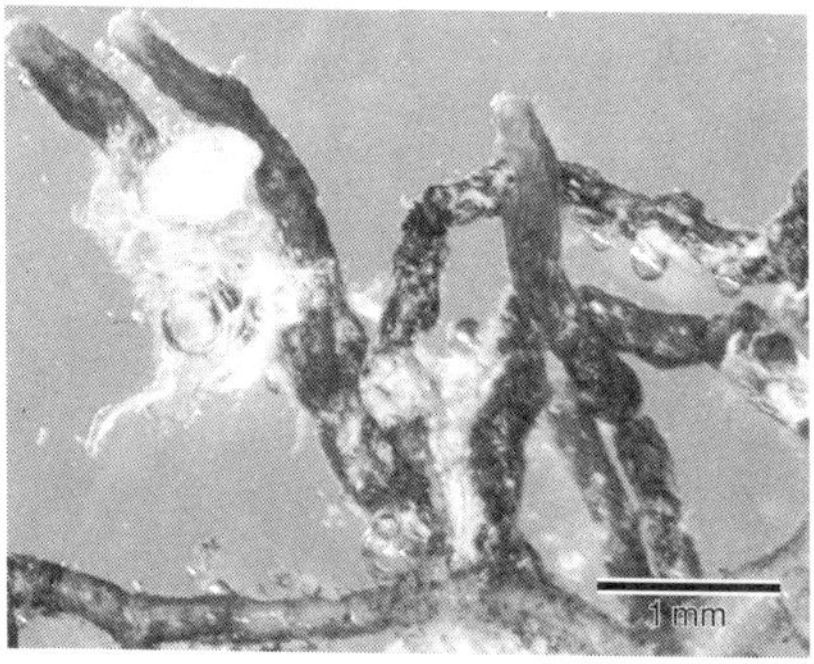

図13　マツに形成されたマツタケの菌根

若い樹木にはキツネタケ属やワカフサタケ属のような初期段階の菌(early-stage fungi)が共生します。樹木が生長すると、チチタケ属、ベニタケ属、キシメジ属、ヤマイグチ属、フウセンタケ属、テングタケ属などのような後期段階の菌(late-stage fungi)に替わります。近年、動物と植物に続いて、菌類の分野でも環境への菌類の適応戦略の理論が論じられるようになりま

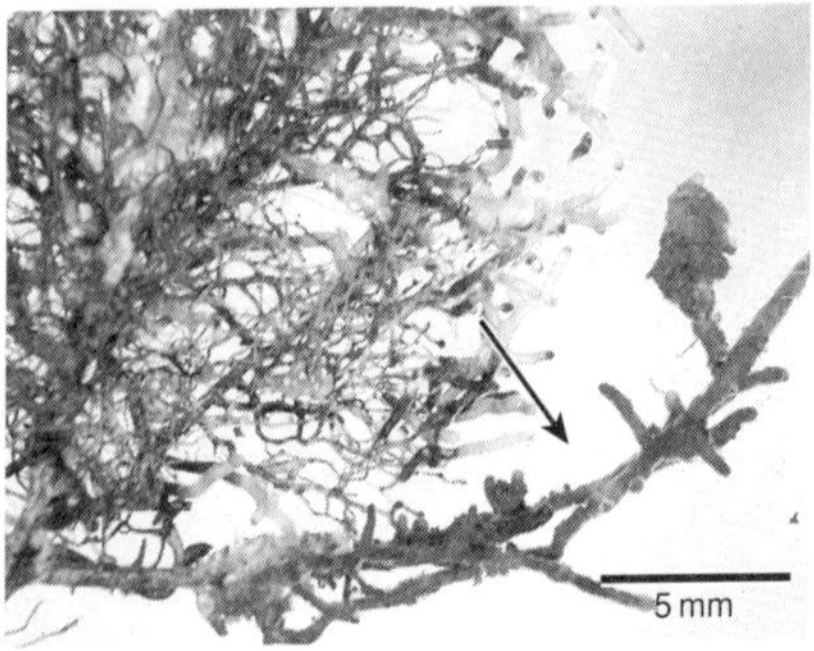

図14　バカマツタケの菌根のあった根にシロハツモドキの菌根（矢印）が形成され、1本の根の先端に異なる菌根を形成しているようす

した。高い増殖率をもち、新しい地域に分散したり、環境の変化が激しく死亡率の高まるような条件下で有利な生物をｒ淘汰（r-selected）生物と呼びます。一方、安定した環境のもとで限られた資源を有効に利用し、少数の子を確実に育てて環境の収容力いっぱいに個体数を維持していく生物をK淘汰（K-selected）生物と呼びます。

ｒとKはそれぞれ、個体群増殖のロジスティック曲線での内的自然増加率を示すパラメーターのｒ、および環境収容量の上限を示すパラメーターのKに因んでいます。この理論によると、初期段階の菌はｒ淘汰の生物、後期段階の菌はK淘汰の生物といえます。

●菌根菌で樹木はつながれている

複数の樹木がある種の菌根菌と共生し、共通の菌糸で結ばれることにより、炭水化物が樹木から菌糸、そして菌糸で結ばれた他の樹木へと、あたかも水源から貯水地へ流れるような関係（source-sink relationship）が保たれます。菌根は窒素、リン酸などを土壌中から吸収して体内に溜め込みます。菌体内の成分は樹木が利用しやすい形に有機化されているため、森林中の菌根菌の菌糸と菌根の菌鞘は養分の貯蔵庫（sink）にたとえられます。

森林中の一本あたりの樹木の根の先端では、何種類もの菌根菌がそれぞれの集団をつくって生息しています。菌根の古さや菌どうしの競争によって、根の先端は絶えず菌根をつくろうとする菌たちの奪い合いの標的となっています(図14)。個々の樹木の根に菌根をつくった菌は地下で菌糸のネットワークを形成し、栄養のやり取りをおこなっています。つまり、樹木どうしは菌根菌のネットワークによって連結され、物質循環が支えられているのです。この物質循環を担う菌糸のネットワークは、栄養の輸送路(flow)にたとえられます。

●外生菌根菌を利用する

マツタケ、アミタケ、ショウロ、ハナイグチなどの食べておいしい菌根性キノコの発生を森林内の環境を改善して増やす試験が国内各地で取り組まれています。外国ではトリュフの感染した広葉樹を植栽してキノコを発生させる方法が定着しつつあります。実験室内で菌糸を純粋培養してキノコを発生させることに、ホンシメジ、ワカフサタケ属、ヤマドリタケ属、アワタケ属、ヌメリイグチ属で成功しています。また、ワカフサタケ属、アンズタケ属では、菌糸と寄主植物を一緒に培養してキノコを発生させることに成功しました。

日本の森林では、樹木の細根がでるとたちまち何らかの外生菌根菌によって菌根が形成されてしまうほど、多くの菌根菌が生息しています。しかし、治山工事でのり面を緑化するような場合、土壌は他から運ばれてきた鉱物質土壌のやせた土で、しかも、日当たりがよく、乾燥の激しい場所に樹木を植えることがあります。このような場所を緑化するとき、乾燥に強く、樹木にミネラルを供給してくれ、物理的衝撃に強いなどの特長をもつ外生菌根菌のついた樹木を緑化工法の一手段として植えています。外国では、乾燥地への植栽、熱帯降雨林の再生のために養分の少ない土壌への植栽にも利用されています。さらに、緑化木の根に菌根を形成させることは、火山灰荒廃地において樹木の降灰や亜硫酸ガスに対する抵抗性を強めるためにも有効です。菌根菌でみどりがよみがえるのです。

菌根菌がリスやモグラなどに助けられ、植生の回復に役立ったという事例を紹介します。一九八〇年にアメリカのセントヘレンズ山が噴火し、地表が火山灰で覆われました。このとき、風に運ばれてきた植物の種子が定着し、最初に植生が回復したところは、リスが地面にトンネルを掘るときにできた塚の上でした。リスが菌根菌の胞子や菌糸を含んだ土を火山灰の上に運び上げたのです。これと似た例がわが国の天竜川で観察されました。一九九九年、洪水により広面積の河原が上流からの土砂で埋まってしまいましたが、ところどころに草本の芽生えが育ち始めた場所がありました。それは、モグラがトンネルを掘ることにより、もとからあった土壌が押し上げられてできた塚でした。もとの土には多量の菌根菌が含まれていたのでしょう。

土壌に広がったダイオキシン、ＰＣＢ、農薬などの汚染物質の収集と除去にもキノコが使われます。キノコが汚染物質を吸収、集積して、体内で分解してくれれば最も理想的です。しかし、集積してくれるだけでもキノコを集めることにより、汚染物質を回収することができます。

外生菌根菌は、森林生態系で重要な役割を果たしているだけではなく、緑化を促進し、環境を浄化し、また、食用として食卓を華やかにもするなど、なかなかの優れものです。

【参考文献・図書】

アレン・M・F・中坪孝之・堀越孝雄訳『菌根の生態学』共立出版、一九九五年
井上　健編　自然叢書二一『植物の生き残り作戦』平凡社、一九九六年
衣川堅二郎・小川　眞編『きのこハンドブック』朝倉書店、二〇〇一年
寺嶋芳江『シイ林におけるバカマツタケの生態』きのこの科学３巻、一〜八頁、一九九六年
Smith, S. E. and Read, D. J. "Mycorrhizal Symbiosis, 2nd ed.", Academic Press(1997)
Terashima, Y. and Mizoguchi, T. "Nutritional environment of soil and roots in and around mycelial blocks of an ectomycorrhizal fungus *Tricholoma bakamatsutake* in and evergreen Fagaceae forest", Mycoscience 36, 167–172 (1995)
Terashima, Y. "Carbon and nitrogen utilization and acid production by mycelia of the ectomycorrhizal fungus *Tricholoma bakamatsutake* in vitro", Mycoscience 40, 51–56 (1999)

おいしい菌根性キノコベストテン

食べておいしいとみんなが納得する菌根性キノコ、独特の香りが料理を一段と引き立てる菌根性のキノコは、国内ではマツタケ、ホンシメジ、ハツタケ、コウタケ、ショウロです。マツタケ以外は市場で料亭向けなどに少量取引され、朝市、直売所などでも売られています。ヨーロッパでは、トリュフ、アンズタケ、ヤマドリタケなどが好まれ、生、缶詰、乾燥品として流通しています。

国内のキノコハンターたちから賞賛されている美味な菌根性キノコには、タマゴタケ、バカマツタケ、ウラベニホテイシメジ、シモコシ、アカモミタケなどがあります。特に、タマゴタケはオレンジがかった赤い色の傘と黄色い柄が美しい、同色のツバと白いツボを持つキノコです。食べると卵の黄身のような味、あるいは栗のような味です。加熱すると傘の赤い色は黄色に変わってしまいますが、バターとの相性がよく、ソテーにおいしいキノコです。また、幼菌をサラダに仕立てます。「皇帝のキノコ」という別名は、ローマ皇帝に好まれたので、あるいはこのキノコの華麗さに由来するといわれています。

第二章　キノコの成分

第一節　キノコの化学成分

地球上には、数千種にも及ぶキノコが自生していると言われています。そして、多くのキノコが食品素材(機能性食品)として、また、薬品開発素材としても注目されています。中でも食用キノコは、その栄養特性、嗜好特性、さらに生体調節機能特性に関与する成分の質と含量によって、評価されるようになってきました。見て美しく、食べておいしく、特徴がある香り(風味)によって食欲(嗜好)をそそり、食べた後も体に良いという好ましい食品という評価が高まっています。ここでは、キノコの栄養特性ならびに嗜好特性に関わる化学成分について紹介します。

●栄養特性に関わる一般成分

五訂日本食品標準成分表には一九種のキノコの成分値が収載されています。乾燥品や調理済みのものを除く生鮮キノコ類は水分が九〇%前後であり、残りの固形物の二分の一以上が炭水化物という、野菜や藻類とよく似た組成を示しています。また、この炭水化物の三分の二近くは食物繊維に相当しており、低カロリー食品といえます。また、八二種のキノコについて一般成分を分析した例では、乾物重量当たりタン

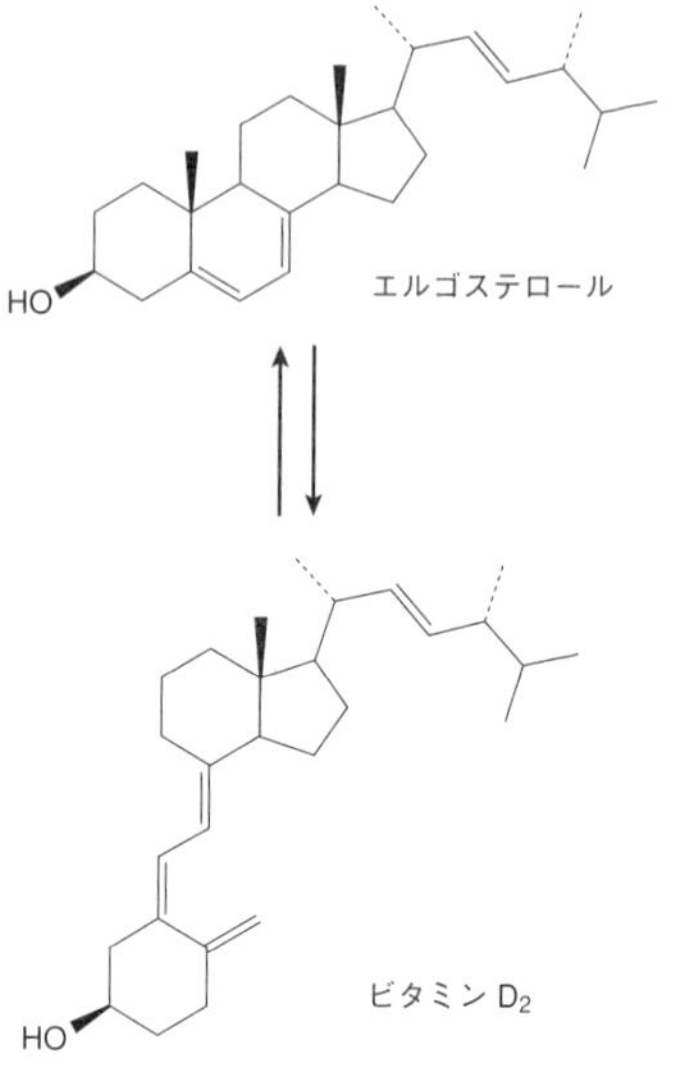

図1 エルゴステロールのビタミンD_2への変換

パク質一一・四～七三・〇%、脂質一・一～一三・六%、炭水化物一七・一～八三・〇%、灰分一・八～一七・六%と種によってかなりの差異があり、この範疇に属さない種も存在し、一様ではありません。

●キノコはビタミンDが豊富

特筆すべきはキノコ類にはビタミンDが豊富に含有されることです。これは、プロビタミンD_2であるエルゴステロールが紫外線によりビタミンD_2に変換されるためです。キノコ類には古くからプロビタミンDのエルゴステロールが含まれていることが知られています。エルゴステロール含量は乾物一〇〇グラムあたり数十ミリグラム～数百ミリグラムであり、脂質量の一～八%に相当します。このエルゴステロールは波長が二九〇～三二〇ナノメートルの紫外線照射によりエルゴカシフェロール(ビタミンD_2)に変換することが知られています(**図1**)。このためキノコ類中にはビタミンDが存在するのではないかといわれてきましたが、一九六三(昭和三八)年に発表された日本食品標準成分表では、キノコ類中にはビタミンDは存在しないものとして数値は示されませんでした。その後、紫外線を照射された乾シイタケ中にはビタミンDがかなり多く存在することが知られるようになり、また、ビタミンDを熱異性化したときに生ずるピロD_2とイソピロD_2をガスクロマトグラフィー質量分析計を用いて乾シイタケ中に存在が証明され、ビタミンDの存在が証明されました。シイタケは傘を裏にして三〇分ほど、エノキタケでは一五～三〇分間、陽に当てるとビタミンDが著しく増加することが知られています。キノコ類をこの程度の陽に当てても、キノコ類の食味には全く影響はないので、栄養価を上げる方法の一つとして有効です。ビタミンD_2は、日光の紫外線二一～五kJ／m^2で乾シイタケの「こうしん」は一九、〇〇〇IU、「どんこ」は八、六〇〇IU、アラゲキクラゲ一四、〇〇〇IU、エノキタケ二八、〇〇〇IU、コウタケ一六、〇〇〇IUに増加し、以後の紫外線照射でほとんどビタミンDは増加しないと報告されています。

ビタミンD欠乏のラットにシイタケ中のビタミンDを投与するとビタミンD欠乏が回復することからキノコ中のビタミンDは動物によく利用されるものとしています。キノコ類、特に乾燥したキノコ類はビタミンDの含有量が高くビタミンDの良い供給源と考えられます。現在、わが国は超高齢化社会を迎え骨粗《こつそ》鬆症《しょうしょう》の予防が問題になっています。この骨粗鬆症の予防のためには十分なカルシウム摂取と適度な運動が重要とされています。ビタミンDはカルシウムの吸収・代謝に関係することから骨粗鬆症の予防上、ビタミンDを多く含むキノコ類は重要な食品と考えられます。ビタミンDが欠乏すると子どもでは、くる病、大人では骨軟化症が起こります。つまり、骨の発育、石灰化が遅れたり、骨からのカルシウムの離脱・排泄が起こります。寝たきりになる原因の一つに、骨折が挙げられますが、この骨折には、骨粗鬆症が関係し、この病気は骨塩量が少なくなり、その結果骨折しやすくなると考えられています。男性より閉経期以後の婦人に関係が深く、閉経後一〇～一五年が骨を守るため重要な時期とされています。骨塩量を高める点からビタミンDを含むキノコ類が大切な食品の一つとなってきています。また、ビタミンDへ変換される前のエルゴステロール自身にも、発ガンプロモーション抑制活性や抗炎症効果が報告されています。

ここまでキノコの一般成分について述べてきましたが、キノコ類の栄養価値を考えると主成分である食物繊維とビタミンBグループが多いこと、さらにビタミンDを含むことに尽きるようです。しかし食品としてのキノコ類は美味しいから食べる嗜好食品としての価値の方がより重要であります。キノコは、その栄養価だけでなく、優れた嗜好特性と多くの機能性成分を兼ね備えた有望な機能性食資源であります。その嗜好特性に関連する、香気成分、旨み成分について次に述べます。

●キノコの香り

キノコが好まれる理由として、その独特の香りがあります。「匂いマツタケ、味シメジ」といいますように、我々にとってまず思い浮かぶものとして日本人に最も好まれるマツタケ(*Tricholoma*《トリコロマ》 *matsutake*《マツタケ》)の香りがあげられます。マツタケの香りについては、一九三〇年代の研究で、マツタケオールといわれる1−オクテン−3−オール(Ⅰ)と桂皮酸メチル(Ⅱ)が主要な香気成分として単離同定され、他のC_8化合物の共存で香りを形成していると言われています。その中でも、主要成分である1−オクテン−3−オールと桂皮酸メチル(**図2**)でマツタケの香りの印象が得られます。しかし、これらの成分は濃度によって悪臭に感じる場合もあるし、民族によっても匂いに対する評価はまちまちです。一般に品質が良

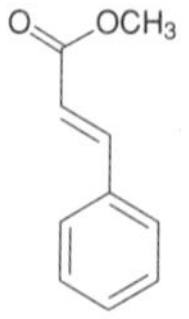

桂皮酸メチル

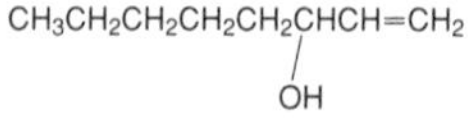

1−オクテン−3−オール

図2 マツタケの主要な香気成分

いとされ、高価格で取り引きされる「つぼみ」のものよりも傘が開いた方が香りは強くなります。

先述したように、マツタケの香りの主成分は1―オクテン―3―オールと桂皮酸メチルであります。このうちの1―オクテン―3―オールは、ほとんどのキノコで最も多く含まれる香気成分であることが判明しており、キノコの香りを代表するものとなりました。1―オクテン―3―オールの香りは、一〇ｐｐｍ程度の含量では弱い金属臭がし、一ｐｐｍ以下では材木臭、強い菌臭、樹脂臭がします。この臭いを日本人の多くの人々は好みますが、外国人は逆にこの臭いは嫌いであるといわれています。マツタケ、生シイタケ、ツクリタケ（マッシュルーム）(*Agaricus*《アガリクス》 *bisporus*《ビスポラス》)だけでなくほとんどのキノコで1―オクテン―3―オールは香りのベースとなっており、その他の多様な成分が個々のキノコの特徴を付与しているものと考えられます。

さて、1―オクテン―3―オールは、どのようにキノコ中で生成されるのでしょうか。^{14}C標識したリノール酸をツクリタケホモジネートと反応させると1―オクテン―3―オールと10―オクソ―8*E*,12*Z*―オクタデカジエン酸（10―ＨＰＯＤ）に酸化され、ついでヒドロペルオキシリアーゼにより1―オクテン―3―オールと10―オクソ―8*E*―デセン酸に解裂する（**図3**）生成経路が提案されています。この酵素はかなり不安定であり、ツクリ

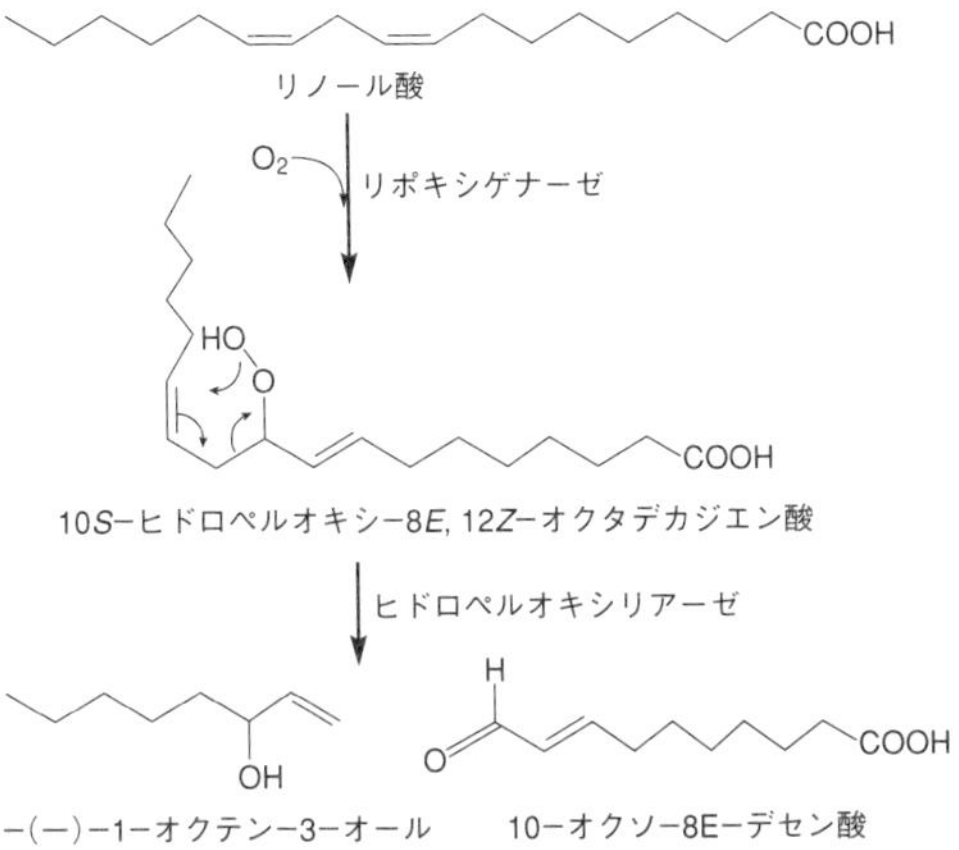

図3　1-オクテン-3-オールの生成過程

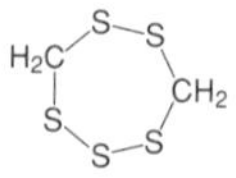

レンチオニン

図4　シイタケの主要香気成分

タケを一二℃に保存して酵素活性と1―オクテン―3―オール量を測定した結果では、速やかに活性が低下し、それと共に1―オクテン―3―オール量も減少していくことが示されています。このことはキノコの鮮度の低下により香りが弱くなることを示しており、輸入のマツタケの香りが弱いことの一因と考えられています。

　キノコの独特な香りにより昆虫が誘引されることは古くから知られていますが、それにも1―オクテン―3―オールが関わっています。これは、1―オクテン―3―オールがハエなどの昆虫に対して産卵誘引活性があるためだということが示されています。

　シイタケの香りも馴染み深いものですが、その原因物質はレンチオニンであることが知られています（**図4**）。キノコの香りは、いくつかの香気成分の組み合わせから連想されるのが一般的ですが、レンチオニンは、単独でシイタケの香りを連想させる珍しい例となっていいます。しかし、この香りは乾シイタケで顕著であり、生シイタケでは、他の多くのキノコと同じように、あまり特徴のある匂いは感じません。なんとなくかび臭い程度です。それは、生シイタケに含まれる含硫化合物レンチニン酸は無味無臭ですが、加熱、乾燥することによって酵素が働き、乾シイタケの特異香レンチオニンが生成するからです。乾シイタケから香気成分としてレンチオニンが同定されています。また、傷をつけても乾シイタケと同じような匂いを示すようになります。これは、シイタケが、虫害から身を守るために、防虫効果を有するレンチオニンを生産する自然の仕組みだと考えられます。

　さて、このような乾シイタケにのみ存在するレンチオニンはどのようにして生成されるのでしょうか。

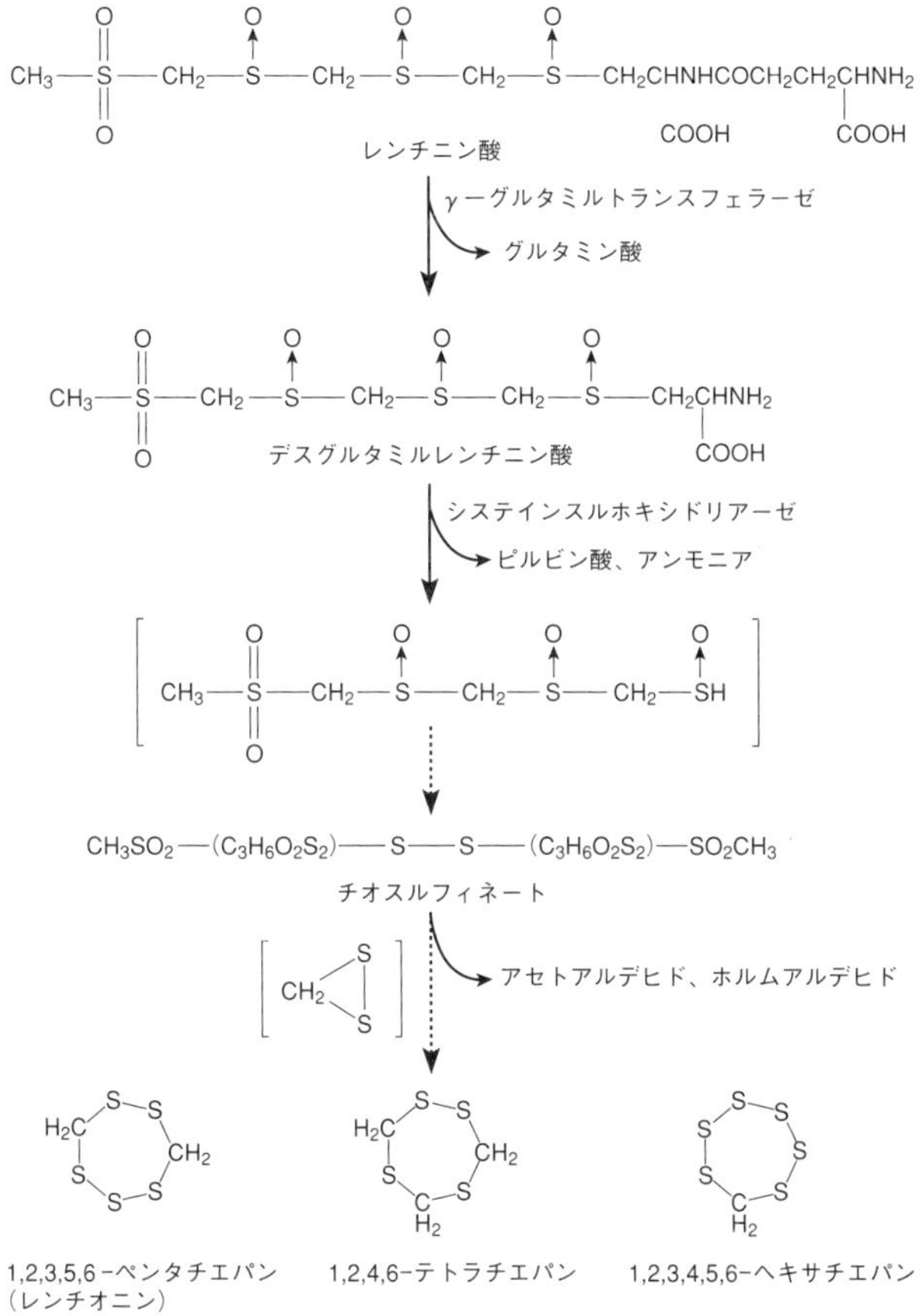

図5　シイタケにおける特異香気成分の生成経路

レンチオニンは前駆物質のレンチニン酸から生じることが知られており、面白いことに、ニンニクなどのネギ属植物の含硫香気成分生成系と同様な機構で生成することが明らかにされています。シイタケに存在するシステインスルホキシド誘導体であるγ－グルタミルペプチドのレンチニン酸にγ－グルタミルトランスフェラーゼが作用し、ついでこの生成物であるデスグルタミ

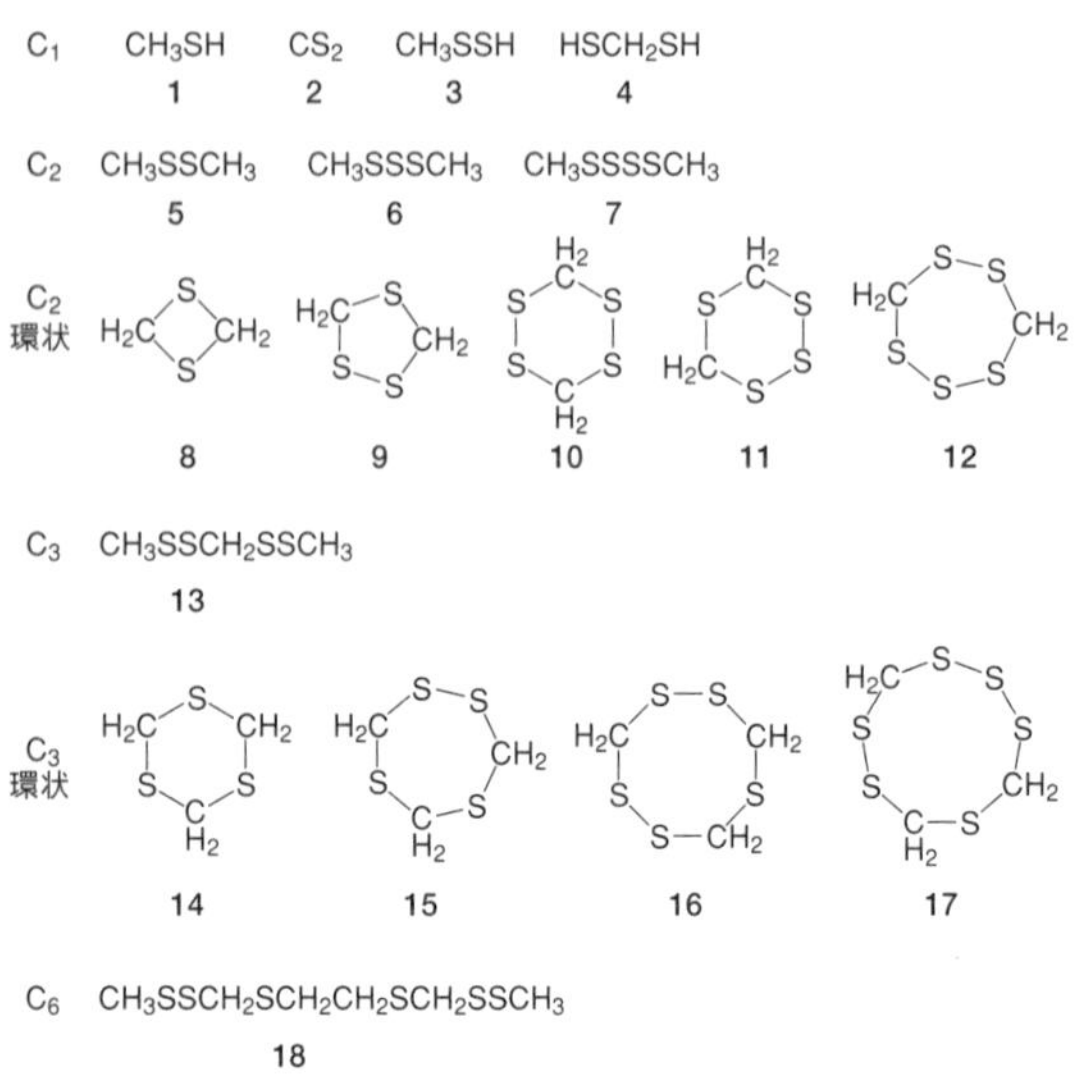

1：メタンチオール
2：二硫化炭素
3：メチルヒドロジスルフィド
4：ジチオメタン
5：ジメチルジスルフィド
6：ジメチルトリスルフィド
7：ジメチルテトラスルフィド
8：1,3-ジエタン
9：1,2,4-トリチオラン
10：1,2,4,5-テトラチアン
11：1,2,3,5-テトラチアン
12：レンチオニン
13：2,3,5,6-テトラチアヘプタン
14：1,3.5-トリチアン
15：1,2,4,6-テトラチエパン
16：1,2,4,5,7-ペンタチオカン
17：1,2,4,7,9,10-ヘキサアドデカン

図6　生シイタケの含硫黄化合物

ルレンチニン酸がC－Sリアーゼにより分解され環状のレンチオニンが生成するという機構が提案されています(図5)。生シイタケをpH9の緩衝液中で混合し、溶媒抽出したものからレンチオニン以下環状、非環状併せて一八種の含硫揮発成分を同定し(図6)、それらは酵素系や化学的合成系で生成したメチルジスルフィドを経由して生成するのであろうと提案されています。また、レンチオニンなどの環状硫黄化合物は、熱に不安定であり、加熱により容易に分解されます。調理した乾シイタケの香りが調理後と異なるのは、このようなレンチオニンの生成機構や、分解の容易さが関係しています。

●キノコの旨味成分

シイタケ、マツタケ、ホンシメジなど美味だとされるキノコは多く知られていますが、その賞味される由縁は単純に味の良し悪しによるのではなく、香りやテクスチャー(歯触り)と一体となったものです。味に限っていえば、これらは五つの基本味とされる甘味、塩味、酸味、苦味、旨味のうち比較的旨味が強いほかは取り立てて特徴のない温和なものが多いことが知られています。旨味物質として、グルタミン酸や、5′―イノシン酸が昆布や鰹節のだしより発見され、さらに、古くより精進料理のだしとして用いられてきた乾シイタケの煮出し液に5′―グアニル酸（5′―GMP）（**図7**）が存在することが発見されて以来、キノコの味成分としてヌクレオチドや遊離アミノ酸が注目されてきました。もちろん、キノコの味は、糖や糖アルコール、有機酸も関わっていますが、ここでは、旨味として最も寄与が大きいと考えられている5′―グアニル酸などの核酸系旨味成分及び遊離アミノ酸について紹介しましょう。

まず、5′―グアニル酸に強い旨味があることが明らかにされており、ついで、それが乾シイタケの煮出し汁に存在することが示されました。それ以来、5′―GMPは乾シイタケの旨味として注目され、多くの研究がなされてきています。さて、この5′―GMPはどのようにして生成するのでしょうか。生シイタケと乾シイタケの風味が非常に異なっているため、当初5′―GMPは乾燥の過程で生成すると考えられていました。しかしながら、酵素反応が起こらない過塩素酸抽出をした場合、生シイタケでも乾シイタケでも5′―GMPはほとんど存在しておらず、また、水戻しの過程でも増加が認められないことから、煮出しにおける酵素反応により生成増加することが明らかにされました。この機構は、RNA分解酵素、リボヌクレアーゼ（RNase）と、それにより生成する5′―GMPを含むヌクレオチド類の分解酵素、ホスホモノエステラーゼ（PMase）の熱安定性の違いに基づくとされています。すなわち、リボヌクレアーゼは熱安定性が

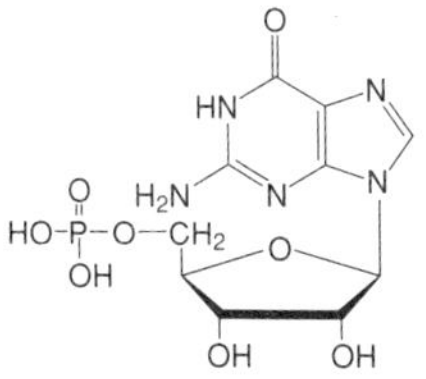

図7　5'-グアニル酸

高く、一〇〇℃近くまで活性を保持するのに対し、ホスホモノエステラーゼは七〇℃付近でほとんど失活するため、加熱初期の低温域では両酵素が働きRNAは5′—ヌクレオチドを経て旨味のないヌクレオシドまで分解されますが、ほぼ七〇℃を超える温度では、ホスホモノエステラーゼは変性によりほとんど活性が失われるのに対し、リボヌクレアーゼはかなり高温まで活性が残存し加水分解を続けるので、5′—ヌクレオチド類が蓄積されるというものです。また、この場合、これらの酵素が働くためには、細胞膜の破壊による恒常性の喪失が条件となっています。したがって、生シイタケを水に漬けておいてもこの酵素系は働きませんが、乾燥により細胞膜が損傷した乾シイタケでは水戻しによりRNA量が減少するのです。この機構に基づいて、乾シイタケの調理過程における5′—グアニル酸の消長について種々の解析がなされています。乾シイタケを調理するには水戻しが必須の過程ですが、水戻しだけではRNAは減少していきますが、旨味成分であるヌクレオチドは蓄積しません。後の加熱により蓄積が起こるのです。このようなヌクレオチドの生成機構を考慮すると、旨味を多く生成させるには、RNAの損耗をなるべく少なくし、酵素活性も低下しないよう、柔らかくなる最小限だけ戻すのがよいことになります。したがって、戻しすぎが最も悪いことになるのです。生シイタケの場合には、加熱による温度上昇により細胞膜が破壊された後に、この酵素系が働くことになるので、適切に戻した乾シイタケに較べヌクレオチドの蓄積は少なくなります。このことが、従来より良い出汁が得られるのは乾シイタケといわれる所以であります。しかし、生シイタケでも、工夫することによって、例えば、調理前に細胞を損傷させるような操作を加えることにより、蓄積量を増加させることができます。包丁の峰でたたいたり、冷凍することにより、蓄積量は増加することが示されています。また、加熱法も大きな影響があり、PMaseが失活した後、なるべく長くリボヌクレアーゼが作用することにより多くの蓄積が見られるので、徐々に温度が上昇するような加熱法が良いことになります。沸騰しているところに入れて煮るより、水から徐々に加熱する方がよいのです。電子レンジでは急速に温度が上がるような出力が強い条件だと蓄積が悪く、旨味が少ないものとなるのです。このように旨味成分である5′—ヌクレオチド類が蓄積しやすい調理法が、おいしくキノコを食するコツになります。

アミノ酸類は甘味（グリシン、アラニンなど）、苦味（疎水性アミノ酸類）、旨味（グルタミン酸、テアニン、トリコロミン酸、イボテン酸）などの味があり、しょうゆ、味噌、チーズなどの醗酵食品の複雑で深みのある風味形成の主役的役割を果たしていることは広く知られています。キノコ類の遊離アミノ酸はアラニンやグルタミン酸が主要なものですが、それ以外にも多くのアミノ酸が存在します。個々のアミノ酸量は種により大きな変動がありますが、含有量の高いアミノ酸では乾物一〇〇グラム当り数百ミリグラム程度、生鮮キノコとしての濃度はその約一／一〇、数十ミリグラム／一〇〇グラムとなり、キノコやキノコだしの風味形成に寄与しているものと考えられています。特にグルタミン酸の旨味は5′—グアニル酸と相乗的に作用することから、キノコだしの旨味のもう一方の主役であることは間違いありません。例えば、グアニル酸などの核酸系の旨味成分とグルタミン酸などのアミノ酸が共存すると、味の強さは一＋一＝二ではなく、何と一＋一＝四〇〜五〇というように、お互いに味を強め合う作用が知られています。この相乗効果が、加熱したキノコの中で起こっているのです。乾シイタケの水戻し、調理後のアミノ酸および、5′—ヌクレオチド分析と官能検査の結果を照合し、旨味への寄与率はグルタミン酸よりも5′—GMPが高いことが示されていますが、一方で、水戻し時間が長すぎる場合、苦味が増加して官能評価が低下する原因は、プロテアーゼの作用で、疎水性アミノ酸の増加によることを示しています。いずれも遊離アミノ酸が乾シイタケだしの味に深く関わっていることの証拠だと思われます。

●キノコの高機能性

キノコには様々な薬理活性など生体調節に関する機能性が知られています。特にガンに効く素材として有名ですが、その他にも、抗菌活性、抗ウイルス活性、血圧降下作用、血糖降下作用、コレステロール低下作用、抗血栓作用等、挙げだしたらきりがないほどです。これらの薬理活性の違いは、キノコに含有する化学成分の違いとして現れてきます。しかも、化学成分は、種によっても異なりますし、培養ステージによっても、部位によっても異なってきます。このように、キノコの薬理活性は、それぞれのキノコによって大きく異なってきますので、目的に応じて、対応したキノコを食することが重要となってきます。その一例として、男性の高齢性疾患として最近、増加傾向にある前立腺肥大症の予防・治療に有効である5α―リダクターゼ阻害活性を有する素材をキノコに求めた研究を紹介しましょう。5α―リダクターゼとは、男性ホルモンであるテストステロンを、より強力なジヒドロテストステロンへ変換する酵素です(**図8**)。前立腺は男性ホルモン感受性組織であり、男性ホルモン依存的に肥大することが知られています。ですから、この酵素の阻害活性を有する素材は、前立腺肥大症の予防・治療に有効であると考えられています。

そこで、筆者らは、5α―リダクターゼ阻害活性を指標に、一九種の薬用・食用キノコのメタノール抽出物に対してスクリーニングを行いました。**図9**に示すように、高い阻害活性を示すキノコもあれば、ほと

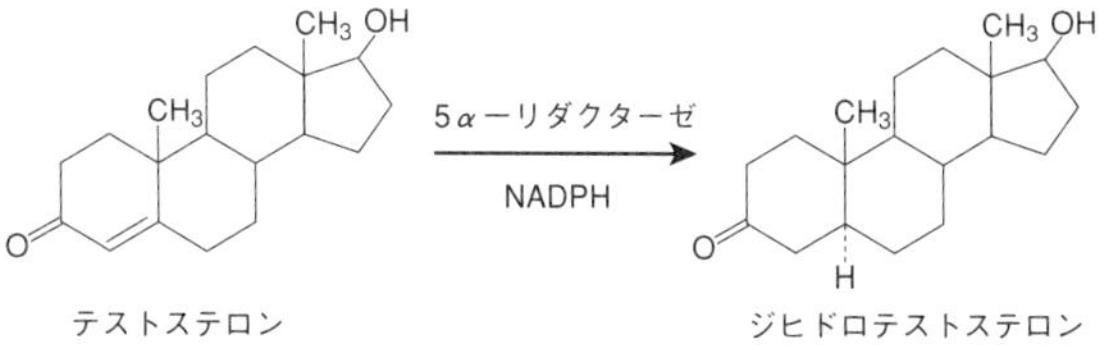

図8　5α-リダクターゼ反応

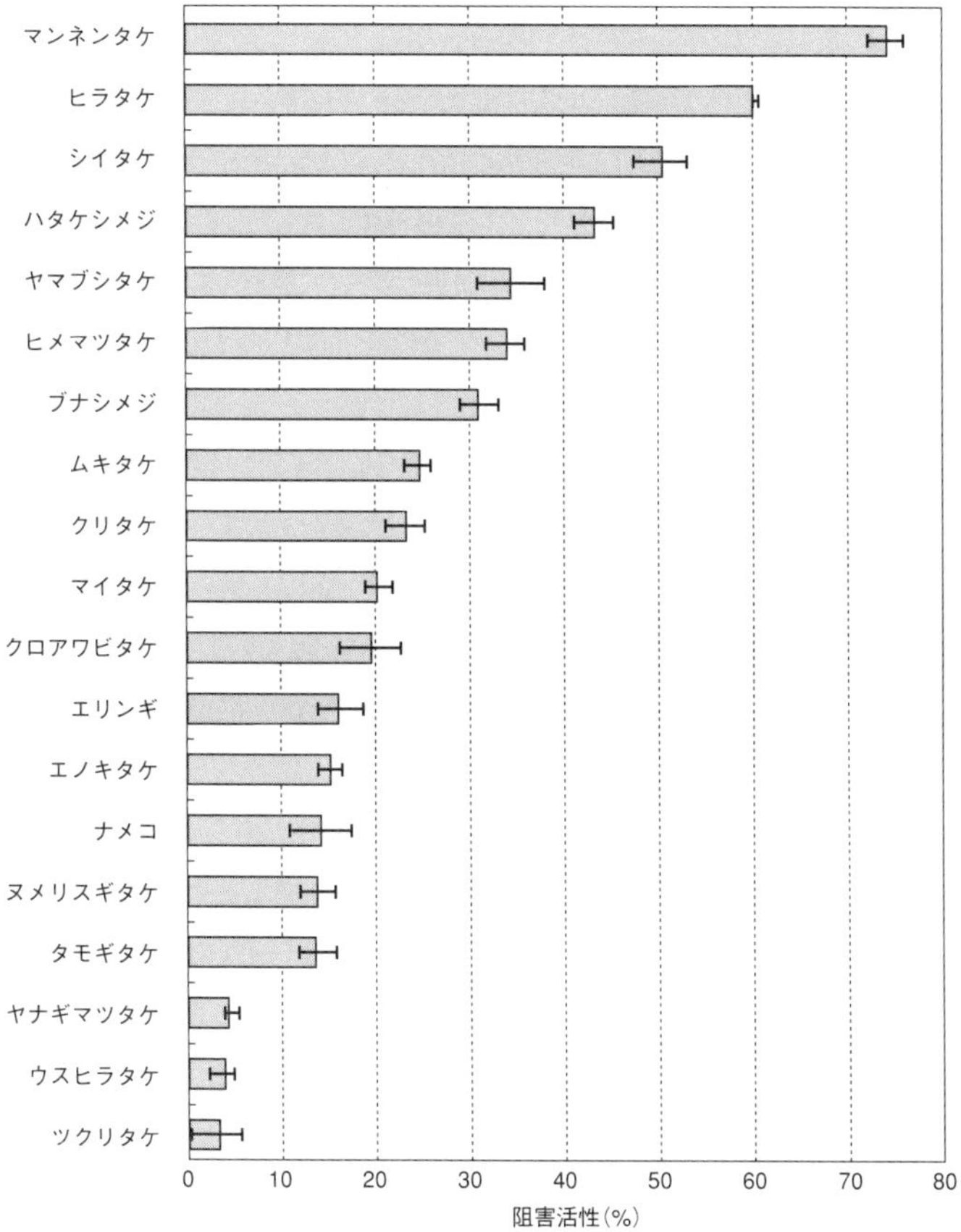

図9　食用・薬用キノコ子実体の5α-リダクターゼ阻害活性(200 ppm)

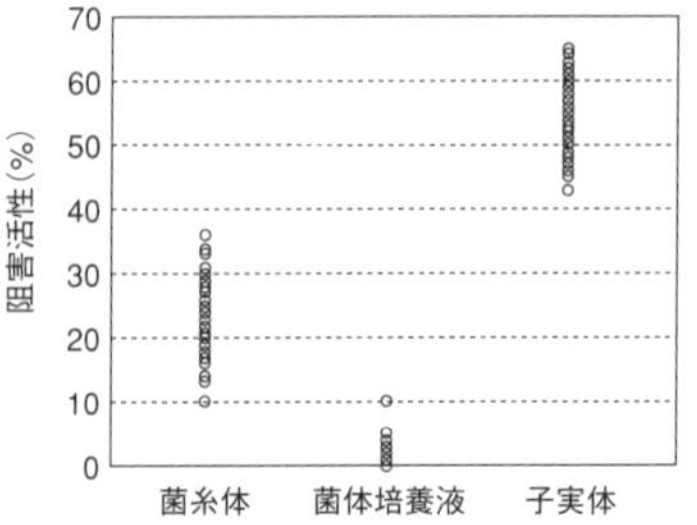

図10　各生育段階の抽出物の5α-リダクターゼ阻害活性の比較（メタノール抽出物 200 ppm）

んど活性を示さないものもあります。また、化学成分は、産地や成長段階によっても異なります。**図10**には、さまざまな株のマンネンタケを用いてその成長段階における活性の違いを示しています。活性の強さは、菌体培養液＜菌糸体＜子実体の順で子実体が最も強く、また株の種類によっても大きく活性が異なります。したがって、キノコの機能性を考える場合、キノコの種類によってもその活性は大きく異なりますが、同種だとしても、その産地や成長段階により機能性が大きくことなることに注意する必要があります。それらの知見を十分に吟味すれば、前立腺肥大症の予防・治療に、最も効果的なマンネンタケを選抜することが可能となってきます。

【参考文献・図書】

青柳康夫、菅原龍幸『干し椎茸の水もどしに関する一考察』日食工誌、三三巻、二四四〜二四九頁、一九八六年
香川芳子監『五訂日本食品標準成分表二〇〇四』女子栄養大学出版部、一二一〜一二七頁、二〇〇四年
春日敦子、藤原しのぶ、菅原龍幸、青柳康夫『生椎茸に異なる熱付加組織損傷を与えた際の5′-ヌクレオチドの挙動』日本調理科学会誌、二九巻、二〇一〜二〇六頁、一九九六年
小林　正、竹内敦子、岡野登志男『シイタケとビタミンDについて』ビタミン、六二巻、四八三〜四九〇頁、一九八八年

佐藤恵理、青柳康夫、菅原龍幸『キノコ類の遊離アミノ酸組成について』日食工誌、三二巻、五〇九～五一二頁、一九八五年

Chen, C. C. and Ho, C.-T. “Identification of sulfurous compounds of shiitake mushroom (*Lentinus edodes* Sing.)”, J. Agric. Food Chem. 34, 830–833(1986)

Grove, J. F. and Blight, M. M. “The oviposition attractant for the mushroom phorid *Megaselia halterata* : the identification of volatiles present in mushroom house air”, J. Sci. Food Agric., 34, 181–185(1983)

Mau, J. L., Beelman, R. B., Ziegler, G. R. “1-Octen-3-ol in the cultivated mushroom, *Agaricus bisporus*”, J. Food Sci. 57, 704–706(1992)

Wurzenberger, M. and Grosch, W. “Stereochemistry of the cleavage of the 10-hydroperoxide isomer of linoleic acid to 1-octen-3-ol by a hydroperoxide lyase from mushrooms (*Psalliota bispora*)”, Biochim. Biophys. Acta 795, 163–165(1984)

Yasukawa K., Aoki T., Takido M., Ikekawa T., Saito H and Matsunaga T. “Inhibitory effects of ergosterol isolated from the edible mushroom Hypsizigus-marmoreus on TPA-induced inflammatory ear edema and tumor promotion in mice”, Phytother. Res. 8, 10–13(1994)

霊芝に抗男性ホルモン効果

日本は世界一の長寿国になりました。いくら健康で元気にくらしていても、40歳を過ぎ、50歳、60歳と年齢を重ねていくにつれて、体のいろいろな場所に老化現象が現れてきます。例えば、「尿が出にくくなった」「夜、寝てからトイレに行く回数が増えた」など、中高年になると、多くの男性が排尿障害を感じるようになります。50歳以上の男性では、なんと5人に一人が前立腺肥大症だと言われています。この原因としては、日本人の食生活が欧米化し、脂肪分の摂取量が増え、ホルモンバランスがくずれ、男性ホルモンの活性が亢進したことによると考えられます。

さて、霊芝《れいし》(マンネンタケ)は、サルノコシカケ科に属するキノコで、中国の薬物書「神農本草経」に上薬として記載されています。このキノコは、強壮、鎮痛薬として神経衰弱、不眠症、消化不良、気管支炎などの慢性病・高齢性疾患に効くとされていて、古くから不老長寿の薬として珍重されてきています。最近、この霊芝の新たな効能として、前立腺肥大に関わる男性ホルモン活性化酵素（5α-リダクターゼ）を弱める効果が確認され、前立腺肥大症の予防・改善効果が期待されています。

第二節　キノコの薬用成分

●キノコの機能性

キノコ（担子菌類と子《し》のう菌類）は、タンパク質、糖、脂質、ミネラル、ビタミンなどの栄養源が含まれています。また、キノコは低カロリー食品であり、特有の香り、旨味、歯切れの良さの嗜好性を満たすことで、昔から人々の食膳に上がるようになりました。また、キノコはさまざまな病気の治療や健康食品などの漢方薬の素材として使用されてきました。最近では、バイオ技術の導入で、遺伝子資源としての価値も高まり、より多くのキノコが機能性食品として、また、抗がん剤などの薬品開発素材として注目されています。また、キノコが示す薬理効果として、①抗腫瘍活性、②免疫増強活性と抗炎症作用、③血糖降下作用、④血圧降下作用と抗血栓作用、⑤コレステロール低下作用、⑥抗ウイルス作用、⑦痴呆症改善効果、⑧肥満抑制効果、⑨食物繊維効果、⑩強心作用などが多くの専門家によって研究されています。研究が進むことによって多岐にわたる有効成分が証明されつつあり、これらの薬剤開発および機能性食品の素材として高い関心が寄せられています。これまでの多くの専門家の研究結果からキノコの薬理効果とその有効成分に関して紹介するとともに、最近、注目を集めているカバノアナタケに関して紹介します。

●抗腫瘍活性

ガン細胞の増殖を抑制する物質（化学療法剤）として、多種のキノコの子実体や培養菌糸体から有効成分が抽出されました（**表1**）。

表1　キノコから得られた抗腫瘍活性成分

種　　類	有効性分
カワラタケ	クレスチン，β–グルカン，コリエラン
カイガラタケ	β–グルカン
マンネンタケ	β–グルカン，ヘテログルカン，キチンキシログルカン，テルペノイド
コフキサルノコシカケ	β–グルカン，ヘテログルカン，ペプチドグルカン
ツガサルノコシカケ	β–グルカン
ツガノマンネンタケ	ヘテログルカン，ヘテロガラクタン，β–グルカン
スエヒロタケ	ソニフィラン，シゾフィラン
チョレイマイタケ	β–グルカン
ツリガネタケ	β–グルカン
メシマコブ	メシマエクスサン
カバノアナタケ	β–グルカン，トリテルペン
コガネニカワタケ	β–グルカン
ヒダサカズキタケ	β–グルカン
オオイチョウタケ	マンノキシログルカン，キシロガラクログルカン，グルカン，ヘテログルカン，キシログルカン，ガラクトキシログルカン
ニンギョウタケ	β–グルカン
ブクリョウ	パシマラン（β–グルカン）
ツキヨタケ	ランプテロール（イルージン–S）
シイタケ	レンチナン（β–グルカン），KS–2–マンナンペプチド，LAP（ヘテログルカンプロテイン）
マイタケ	グリフォラン（β–グルカン）
ヒラタケ	β–グルカン，ヘテログルカン，(1,4) マンノシルポリマー
ウスヒラタケ	キシログルカン，キシランプロテイン
チャヒラタケ	β–グルカン
ムキタケ	ヘテログルカン，β–グルカン
エノキタケ	β–グルカンプロテイン，プロフラミン
ブナシメジ	β–グルカン
ナメコ	β–グルカン
ヤマブシタケ	β–グルコキシラン，ガラコキシログルカンプロテイン，グルコキシランプロテイン，ヘリセノン，エリナピロン
キクラゲ	β–グルカン
シロキクラゲ	グルクロノマンナン，マンノース，キシロース，エキソポリサッカライド，グルクロミック酸
ヒメマツタケ	β–グルカン，β–グルカンプロテイン，ヘテロβ–グルカン，グルコマンナンプロテイン，マンナンプロテイン
フクロタケ	β–グルカン，α–マンノβ–グルカン
キヌガサタケ	β–グルカン，β–マンナン，ヘテログルカン
スッポンタケ	グルコマンナン

「International Journal of Medicinal Mushrooms」誌の掲載論文から申有秀、作成。

キノコのグルカンは抗腫瘍活性を示しており、マンネンタケからはテルペノイド類、カワラタケからはステロイド類、ツキヨタケからはランプテロール（イルージンS）が見出されました。この他多数のキノコから生体内での抗腫瘍活性を示す多糖体が単離されました。これらは抗原性が弱くて、副作用がないことが知られています。これらが示す抗腫瘍活性は、宿主の免疫機能賦活の免疫療法剤の一種と考えられ、その本体はβ—（1→3）—D—グルカンであることが知られています。この他、分子量一万のRNA蛋白複合体がカワリハラタケやヒメマツタケから単離され、強い抗腫瘍活性を示しました。また、シイタケの培養菌糸体から抗腫瘍多糖KS—2a—マンナン—ペプチドが単離されています。また、ヤマブシタケから単離された成分で、ヘリセノンAとB、エリナピロンAとB、Y—A—2がヘラ細胞の増殖を抑制することが報告されています。冬虫夏草菌類のシロハナヤスリタケからβ—（1→3）—D—グルカンCO—1とガラクトサミノグライカンCO—N、キアシオオゼミタケからガラクトマンナンCI—PとCI—A、セミタケからデオキシアデノシン、エルゴステロール ペルオキシド、コルディデピネなどが単離され、顕著な抗腫瘍活性を示すことが報告されています。これら以外にも多数のキノコから抗ガン活性を示す化合物の単離が報告されています。しかし、このように多くの抗腫瘍活性を示す成分のなかで、薬剤として使われているのは多くはありません。カワラタケからクレスチン、シイタケからレンチナン、スエヒロタケからソニフィラン、シゾフィランとカワラタケから多糖ペプチドと最近メシマコブからメシマエクスサンなどが単離されています。

●免疫増強活性と抗炎症作用

キノコから単離されたβ－D－グルカンが、免疫増強活性を示すことが知られています。また、マンネンタケの含有成分のテロガラクタン蛋白体に抗炎症作用、抗アレルギー作用が認められています。

キヌガサタケからの精製多糖体はカラギーナン浮腫抑制を、キクラゲからの精製多糖体は熱湯浮腫の痛覚に対して抑制作用を有し、非ステロイド系消炎剤よりも強力であったとされています。免疫増強と抗炎症活性の本体が多糖体であることが確認されました。シイタケの水抽出物とコガネニカワタケの液体培養から得られるトレメーラスチンにも免疫調節作用が報告されています。

●血糖降下作用

マンネンタケから得られた多糖ガノデランと、その蛋白複合体およびアルカリ抽出の多糖類に血糖値降下作用がありますが、顕著な血糖降下作用はガノデランAとアルカリ抽出の多糖類です。また、冬虫夏草菌類であるセミタケの水溶性多糖類に抗腫瘍活性とともに血糖降下作用があることが明らかになっています。

●血圧降下作用と抗血栓作用

マンネンタケの子実体の熱水抽出エキスには降圧と昇圧の作用を調節して、血圧を正常にする成分が含まれています。これら成分はテルペノイド成分のガノデリン酸のほか、ガノデラールA、ガノデロールA・Bなどがアンジオテンシン転換酵素の阻害剤として働くためです。また、血圧降下作用を示すペプチドグルカン、フコフルクトグルカンなどの高分子成分が報告されています。

血小板は止血機能に欠かせない血液成分ですが、血管内で凝固して血栓を形成し、脳梗塞、心筋梗塞や動脈硬化の直接誘因となります。血小板は刺激を受けると膜の分解など形態変化を経て、粘着、凝集、放出などの反応を起こしますが、これらの過程に生ずる種々の生理活性物質を抑制する目的で、数種の阻害剤や拮抗薬が開発されています。

マンネンタケの熱水抽出物に、血小板凝集をトロンビン作用により顕著に抑制する物質が単離されていますます。シイタケ水抽出成分中に含まれる、レンチナシン、デオキシレンチナシン、5′―AMP、5′―GMPなどが強い抗血栓活性を示しています。また、マンネンタケのエタノール抽出液に含まれる、硫黄原子を含むヌクレオシドの一種も強い抗血栓活性を示していることが報告されました。イヌセンボンタケ、ウシグソヒトヨタケ、ミダレアミタケからの酵素複合体も抗血栓効果があります。

●コレステロール低下作用

一九六〇年代、シイタケを摂取することで血清コレステロール値が減少することが分かり、多種キノコのコレステロール低下作用が調べられました。エノキタケ、キクラゲ、ツクリタケにシイタケと同等の効果があることが明らかになりました。これらの活性物質はエリタデニンでした。一方、ニンギョウタケにはエリタデニンは含有されませんが、顕著な血漿コレステロール低下作用を示すグリホリンとネオグリホリンが単離されています。キクラゲのグルクロノキシロマンナンは、強い血清コレステロール降下作用を示すことが知られています。その他、マイタケ、カワラタケの水抽出エキス、エノキタケの培養菌糸体などにも同様の効果が認められています。

●抗ウイルス作用

人間の身体は侵入してくる微生物や化学物質、自己由来の異物、老廃物などを常に排除して正常を保とうとする生体防御機能を備えています。その機能は大きく分けて、抗体を基本とする体液性免疫と、白血球を基本とする細胞性免疫です。しかし、それらの防御因子の中で最初の段階で働くものは、体液性防御因子では補体、細胞性防御因子ではマクロファージが代表的です。

これらはまだ特異的免疫力を持たない初感染の細菌やガン細胞、老廃物、過剰生産物などを捕食して処理します。キノコ由来の多糖体は、そのような非特異的防御機能の活性化に強く関与することが報告されています。

キノコの蛋白質結合多糖体（PSK）はエイズウイルス（HIV—1）に有効であることが認められています。シイタケの胞子からインフルエンザ感染症に対する抗ウイルス活性を持つ糖蛋白が、抽出物からのβ—D—グルカン（レンチナン）や菌糸体からの可溶性リグニン糖蛋白複合体（LEM）が、エイズウイルス（HIV—1）に有効であるとされています。チョレイ、ツガサルノコシカケ、メシマコブ、フクロタケ、ツリガネタケ、カワリハラタケおよびマンネンタケに含まれる多糖体に、抗腫瘍性とともに補体活性とマクロファージの貪食機能を向上させる作用があります。また、ヒラタケ属のキノコ類に含まれるプルトムチリン、プルラン、D—ガラクトマンナン（PC—3）などが抗ウイルス作用を有すると報告されています。

●痴呆症改善効果

社会問題である老人性神経障害（老人性痴呆）は原因究明や治療法の確立が要求されていますが、いまだに進展は見られていません。老人性神経障害は、動脈硬化や脳血流障害によって脳細胞に栄養や酸素が不足することによって発症する「脳血管性痴呆」と、大脳皮質での神経細胞の萎縮や組織の欠落が原因で起こる「アルツハイマー型痴呆」に分けられます。アルツハイマー型痴呆症の原因は、脳のコリン作動性神経細胞の障害および脳内神経伝達物質の代謝異常が主因と考えられており、グルタミン酸が脳神経細胞の破壊に関係することが指摘されました。毒キノコのドクササコから単離されたアクロメリン酸も効果があるとされています。また、ヤマブシタケの子実体と菌糸体、キヌガサタケの子実体から、アルツハイマー型痴呆症改善に有効に働くと考えられる神経成長因子の合成促進物質が単離されています。

●肥満抑制効果

血液中のコレステロール値、中性脂肪値、血糖値、尿糖値の減少、血圧降下作用に有効な成分などがマイタケに含まれていることが分かりました。また、キクラゲ類から得られたＴＡＰ(酸性多糖)のダイエット効果が報告されています。

●食物繊維効果

食物繊維とは、人間が摂取しても消化吸収されないで排泄される高分子成分です。キノコにはβ―グルカン、キチン質、ヘテロ多糖(ペクチン質、ヘミセルロース、ポリウロナイドなど)の食物繊維が多く含まれています。キノコの細胞膜は、制ガン活性を示すβ―グルカンやキチン質であることに加え、食物繊維の物理的作用によって腸管内の発ガン物質やコレステロールなどを吸着し、その吸収を妨害し、排出させるので消化器官の予防に効果があります。

●強心作用

マンネンタケの水抽出エキス、フクロタケからの活性タンパクであるボルバトキシン、エノキタケからのフラムトキシンなどに強心作用があるという報告があります。

これら以外にも、マンネンタケのゲルマニウムによる鎮痛、鎮静作用が知られています。また、ヒラタケ属からハイプノピリン、プルロテーリック酸、プルトテールロルなどのセスキテルペノイド類とグリコペプチドなどが活性を示すとされています。

●カバノアナタケ

カバノアナタケの学名は *Inonotus*《イノノタス》 *obliquus*《オビキュウス》が広く使われており、日本では *Fuscoporia*《フスコポーラ》 *obliqua*《オビキュア》も使用されています。一般名はロシアではチャーガ(Charga)、日本ではカバノアナタケと使用されています。カバノアナタケはタバコウロコタケ科に属する白色腐朽菌です。カバノアナタケはカバノキ科樹木の樹皮部分の割れ目に寄生して菌糸を伸ばし、木質を次第に腐食しながら数年にかかってゆっくりと菌核を形成していきます(図1)。菌核の外部の模様は黒く亀裂を持つ石炭のような表面です。内部は褐色ですが、これは菌糸が生産する色素によるものです。

カバノアナタケは日本の北海道および本州中部に分布しており、世界的にはフィンランド、ロシア、ウクライナ、カナダ、アメリカなどの北方圏の国々に分布しています。

カバノアナタケの宿主生物としては主にカンバ類の樹木(ウダイカンバ、ルテア、グレーバーチ、パピリフェラ、ダケカンバ、ミズナラ、セイヨウカンバ、キハダカンバ、シッチカンバ、シラカンバ)であり、稀

図１　カバノアナタケ子実体

にはハンノキ、ナナカマド、アサダ、オークなどでも発見されています。

カバノアナタケの利用に関する記録は日本ではアイヌ民族による焚きつけ代わりに使用され、また、ヨーロッパでは一六世紀ころから民族医薬として使用されてきたことを示しています。特にロシアでは心臓病、肝臓病、胃病、結核などの疾病の予防および治療などに利用されてきました。しかし、注目されるようになったのは、ロシアのノベール賞作家ソルジェニチンの『ガン病棟』で、カバノアナタケのガン抑制効果が紹介されたことにより、世界的な関心を集めることになりました。

カバノアナタケの薬理効果に関する研究が東ヨーロッパとロシアで活発に行われました。その結果、アルコール抽出物からイノトディオールを含むラノステロールタイプのトリテルペン、菌核の水抽出物からサルコーマ１８０とカルシノーマ７５５に対して抗癌効果を有するアノステロールタイプのトリテルペンがみつかりました。また、菌核から単離され制ガン効果を示したイノトディオールの合成に関する研究が行われています。また、菌核から得られたト

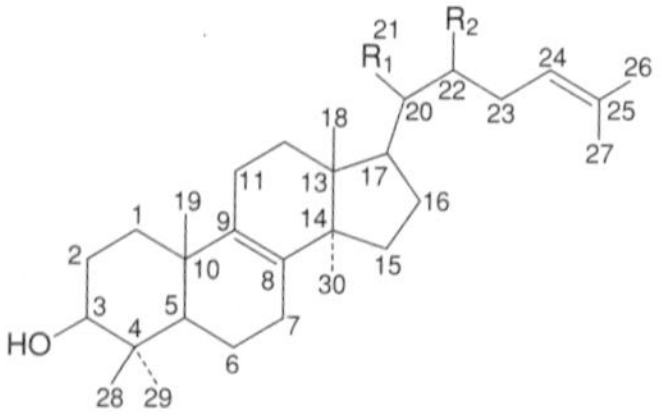

R_1=Me	R_2=H	ラノステロール
R_1=Me	R_2=OH	イノトジオール
R_1=COOH	R_2=H	トラメテノリック酸
R_1=$COOCH_3$	R_2=OH	メチルトラメテノレート
R_1=CHO	R_2=H	3β-ヒドロキシ-ラノスタ-8,24-ジエン-21-アール
R_1=CH_2OH	R_2=H	3β,21-ジヒドロキシ-ラノスタ-8,24-ジエン

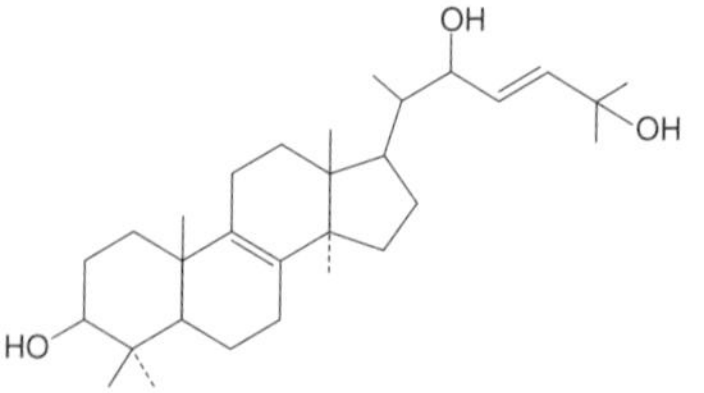

3β,22,25-トリヒドロキシ-ラノスタ-8,23-ジエン

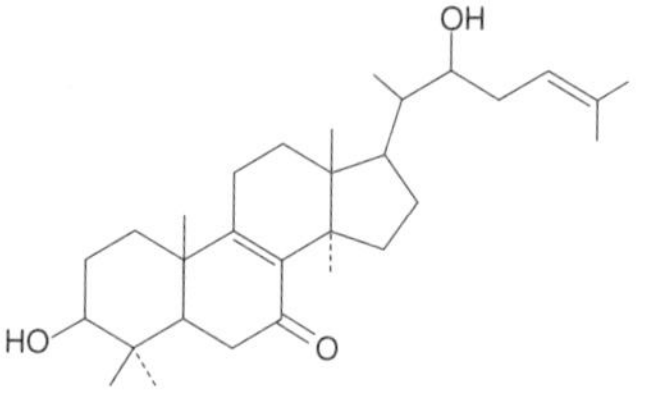

3β,22-ジヒドロキシ-ラノスタ-8,24-ジエン-7-オン

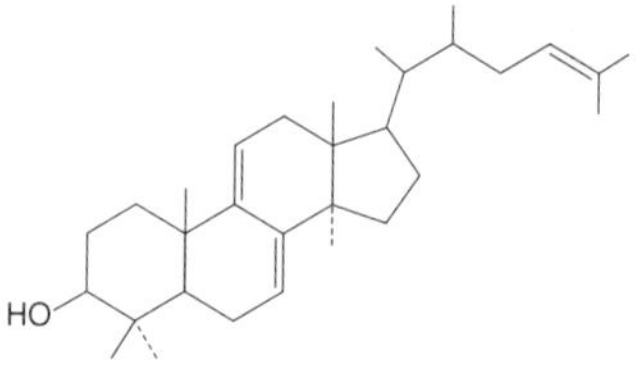

3β,22-ジヒドロキシ-ラノスタ-7,9(11),24-トリエン

図2　カバノアナタケ菌核から単離された含有成分(Kahlosら)

リテルペノイドは前立腺ガンの一種であるWalker 256 carcinosarcomaとMCF-7 human mammary adenocarcinomaに対して強い抗がん効果を示していることが分かっています。菌核から多数のラノスタインタイプのトリテルペンがみつかっています(図2)。

日本では、一九九〇年代からカバノアナタケに関心が集まって、水野は菌核のβ―グルカンを含む抽出物の抗がん効果、抗HIV―1効果および抗胃潰瘍効果を報告しました。カバノアナタケにはポリフェノール、リグニン分画から得られた抽出物が抗変異原生物質、SOD(抗酸化活性)およびO―157を抑制することが明らかになっています。

著者らは、カバノアナタケの菌核および培養菌糸体から新しいトリテルペン、ステロイド、セスキテルペンなどを単離し、今までカバノア

表2　ラノスタンタイプのトリテルペノイドのガン細胞に対する効果

	Rat Walker 256 カルシノサルコーマ			MCF-7 human mammary アデノカルシノーマ		
添加物の濃度	1.0	10.0	50.0	1.0	10.0	50.0 (μg/ml)
ラノステロール	–	–	–	48	63	90
イノトジオール	7	45	98	48	70	100
3β,21-ジヒドロキシ-ラノスタ-8,24-ジエン	13	18	17	–	–	–
3β-ヒドロキシ-ラノスタ-8,24-ジエン-21-アール	–	–	–	20	46	72
トラメテノリック酸	–	–	–	15	14	25
メチル トラメンテノレート	–	–	–	24	76	75

注）Kahlosらの文献の解釈。数値は死んだ細胞の数（%）を示す。

ナタケから単離された化合物について、その生合成経路および抗がん効果と関連性を解明しました。カバノアナタケ菌核のエタノール抽出物から三つの既知物質ラノステロール、イノトジオール、トラメテノリック酸および三つの新しいトリテルペン3β―ヒドロキシ―8，24―ジエン―ラノスタ―21，23―ラクトン、21，24―シクロペンタラノスタ―3β，21，25―トリオール―8―エン、3β，22，25―トリヒドロキシ―ラノスタ―8―ジエンを単離しました。これらの新規トリテルペンはいずれもラノスタンタイプのトリテルペンであり、一つはラクトン環を有する化合物、一つはシクロペンタノール環、一つは側鎖のC―22およびC―25に水酸基を置換した化合物でした。今回、三つの新しく単離された化合物はいずれも酸化反応の最終産物であると考えられました。

これまでの文献上の抗癌試験結果を整理すると、ラノスタンタイプの化合物中、イノトジオールはより高い抗がん効果を増加させる傾向があります。このことから、C―22位に水酸基を置換しているラノステロールタイプの化合物は抗癌効果が期待されます（**表2**）。

カバノアナタケの液体培養菌糸体のエタノール抽出物からは、ラ

表3 エルゴステロールパーオキサイドのガン細胞に対する効果

		MCF-7 Human mammar アデノカルシノーマ				Rat Walker 256 カルシノサルコーマ			
添加物の濃度		1.0	5.0	10.0	50.0	1.0	5.0	10.0	50.0 (μg/ml)
培養日数	2日	25	40	36	56	0	0	20	88
	5日	3	18	60	99	2	60	99	-

注) 数値は死んだ細胞の数(%)を示す。

ノステロールと3β,22—ジヒドロキシ—ラノスタ—7,9(11),24—トリエンのトリテルペン、エルゴステロールとエルゴステロールパーオキサイドのステロイドらが単離されました。エルゴステロールとエルゴステロールパーオキサイドは強い抗癌効果を有する化合物です(**表3**)。この他、グルコシトルと新規セスキテルペンである5—(2′—エテン—6′,6′—ジメチル—シクロヘクサ)—3—メチル—ペンタノールなどが単離されました。

【参考文献・図書】

東洋医学舎編集部 編『きのこ健康読本1』東洋医学舎、一九九五年
Dosychev, E. A., and Bystrova, V. N. "Treatment of psoriasis with 'Chaga' fungus preparations", Vestnik dermatologii I venerologii 47, 79–83(1973)
Kahlos, K., Kangas, L. and Hiltunen, R. "Antitumor tests of inotodiol from the fungus *Inonotus obliquus*", Acta Pharmaceutica Fennica 95, 173–177(1986)
Kahlos, K., Kangas, L. and Hiltunen, R. "Antitumor activity of some compounds and fractions from an n-hexane extract of *Inonotus obliquus*", Acta Pharmaceutica Fennica 96, 33–40(1987)
Kier, L. B. "Triterpenes of poria obliqua", J. Pharma. Sci. 50, 471–474(1961)
Shin, Y. *et al.* "Chemical constituents of *Inonotus obliquus* II. A new triterpene, 21,24-

cyclopentalanosta-3β,21,25-triol-8-ene from sclerotium", J. Wood Sci. 47, 313–316(2001)

Shin, Y. *et al.* "Chemical constituents of *Inonotus obliquus* III. A new triterpene, 3β,22,25-trihydroxy-lanosta-8-ene from sclerotium", Int. J. Med. Mushrooms 2, 201–207(2001)

Shin, Y. *et al.* "Chemical constituents from culture mycelia of *Inonotus obliquus* IV. Triterpene and sterols from culture mycelia", Eurasian J. For. Res. 2, 27–30(2001)

Shin, Y. *et al.* "Triterpenoids, steroids and a new sesquiterpene from *Inonotus obliquus*", Int. J. Med. Mushrooms 4, 77–84(2002)

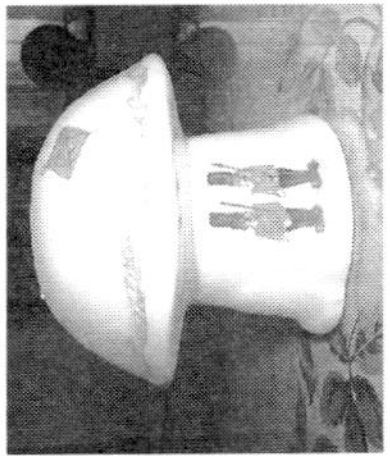

キノコは万病通治の薬？

昔から現代まで東洋医学や西洋医学で病の治療に木本や草本植物、昆虫、動物、キノコなどのあらゆるものが使われてきましたが、キノコのように副作用も少なくいろんな病気に対して幅広く使われて来たものは少ないでしょう。昔は手探りで人が直接飲んだり食べたりして、キノコの薬用を記録したものが現代科学に欠かせない重要な資料として扱われています。

その資料を参考にして研究を進め、エイズ、ガン、成人病などの治療および各種疾病の予防などに幅広く薬の材料あるいは薬として使われているものはキノコ以外にはほとんどありません。キノコの薬用および薬用成分に関する研究がもっと進めば、まさに「万病通治の薬」という名を付けてもいい時が来るでしょう。

第三節　毒キノコの成分

●人間と毒キノコとの長い付き合い

キノコといえば、毒キノコをイメージする方は多いと思います。キノコは人類にとって貴重な食料資源です。しかし、なかには命さえ奪いかねない猛毒を持つものも存在します。

そのような毒キノコでも、食用キノコと同じく人類は利用してきました。古くは古代マヤ文明で、シャーマンが幻覚物質を含むシビレタケの仲間(これらのキノコはテオナナカトル(神の肉の意)と呼ばれている)を食べ、その幻覚を神のお告げとして人々に伝えたと言われています。そのほかテングタケの仲間にはハエに対して殺虫作用を有する成分を含有するものがあり、ハエ取り剤として用いられた例もあります。しかしながら、古代から今日まで毒キノコは多くの人を苦しめ、命を奪ってきました。現在でも野生キノコ採取で毒キノコを誤って食べて亡くなる例が絶えません。

また、最近では、シビレタケの仲間を「マジックマッシュルーム」と称し、麻薬や覚醒剤として悪用する例が生じ、これらを取り締まるための法整備がなされました。そのため、現在シビレタケの仲間は大麻と同じ扱いとなり麻薬として指定されています。

●毒キノコの分類

表1に主な毒キノコの毒性と成分について記しています。本節では、毒キノコの種類やその成分について述べますが、キノコの毒成分は非常に多種にわたっていることがわかると思います。そのため毒キノコ

表1　毒キノコの中毒の型と毒成分*

	成　分	キノコ
肝臓、腎臓に障害を与える毒	アマニタトキシン、ファロトキシン、ジロミトリンなど	ドクツルタケ、シロタマゴテングタケ、コレラタケ、シャグマアミガサタケなど
自律神経系に作用する毒	コプリン、ムスカリンなど	ヒトヨタケ、ホテイシメジなど
中枢神経に作用する毒	イボテン酸、ムシモール、シロシビン、シロシンなど	ベニテングタケ、ヒカゲシビレタケなど
胃腸毒	イルジンS、ファシキュロールなど	ニガクリタケ、ツキヨタケなど
激痛毒	クリチジン、アクロメリン酸	ドクササゴ

*参考：今関六也 他『日本のきのこ』山と渓谷社、1988年

を簡便に見分ける方法は難しく、現在まで開発されていません。毒キノコを誤って採取しないためには、各毒キノコの特徴を知っておく必要があり、経験に頼っているのが現状です。つぎに毒成分の構造や性質についてもう少し詳しく見てみましょう。

●毒キノコの種類と成分

肝臓、腎臓に障害を与える毒

図1　ドクツルタケ（宮崎県椎葉村）

ドクツルタケ（図1）、シロタマゴテングタケ、タマゴテングタケ、コレラタケなどのアマニタトキシン類、アマトトキシン類、ファロトキシン類（図2）などが知られています。上記成分は硫黄を含む環状ペプチドです。これらの毒成分は細胞を破壊し、肝臓や腎臓に障害をもたらし、食べると死にいたることがありま

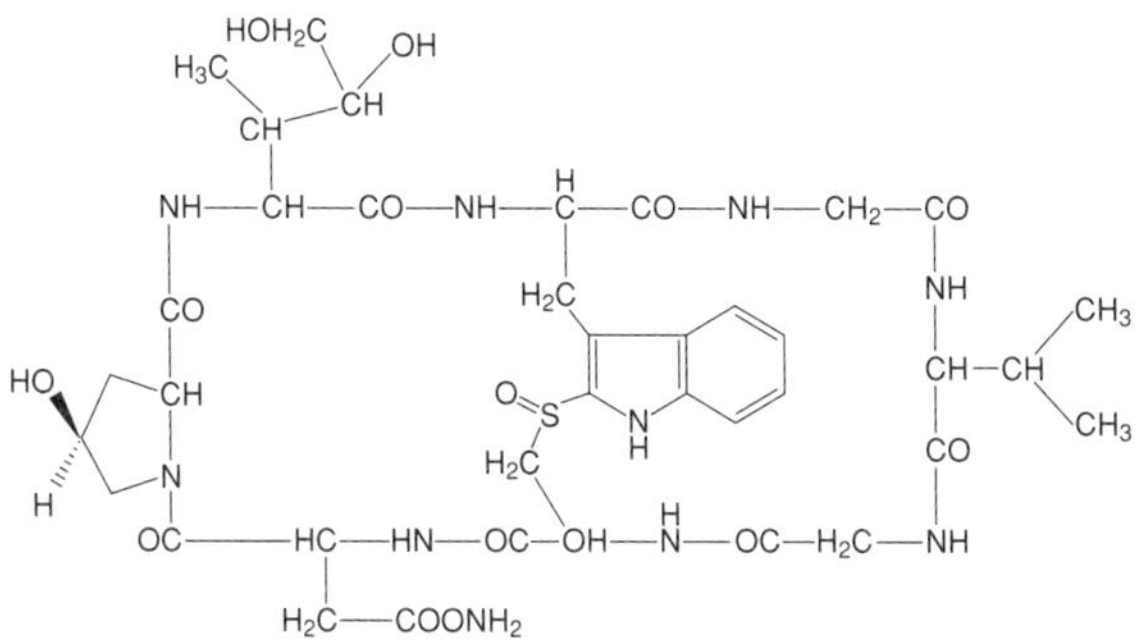

図2 肝臓、腎臓に障害を与える毒 ドクツルタケに含まれるアマトキシン類の例(アマニンアミド)

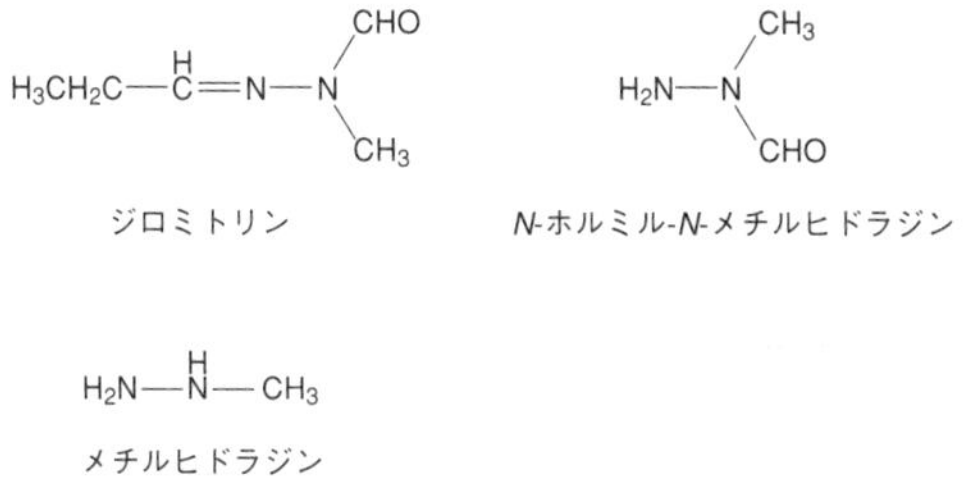

図3 シャグマアミガサタケの毒成分

ジロミトリンは生体内に取り込まれると*N*-ホルミル-*N*-メチルヒドラジンとメチルヒドラジンを生成する

す。毒キノコの中でも最も注意を払わなければならない部類に入るキノコでしょう。ドクツルタケ、シロタマゴテングタケの姿は白色で非常にきれいです。しかし、その猛毒のため、西洋では「死の天使」"Death Cap"と呼ばれるくらいに恐ろしいキノコとして有名です。

環状ペプチド以外の毒成分としてはシャグマアミガサタケに含まれるジロミトリンなどが知られています。ジロミトリンは体内に入ると加水分解により*N*—ホルミル—*N*—メチルヒドラジン、メチルヒドラジンを生成して毒性を発現し、肝臓に障害を与えます(**図3**)。

図4　ヒトヨタケ

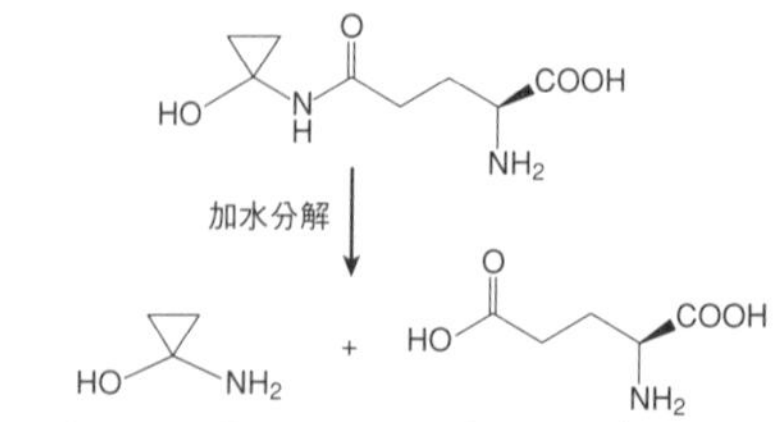

1-アミノシクロプロパノール　　グルタミン酸

図6　コプリンの加水分解

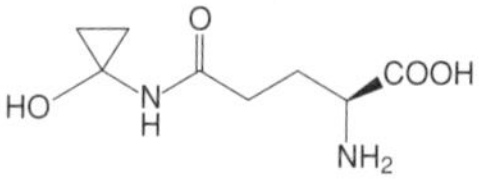

コプリン

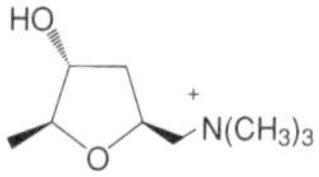

L-ムスカリン

図5　自律神経系に作用する毒成分の例

図7　ヒカゲシビレタケ（福岡県篠栗町）
傷ついている部分が若干青色になっている

自律神経系に作用する毒　ヒトヨタケ（図4）、ホテイシメジに含まれるコプリンや、アセタケ属、カヤタケ属、クヌギタケ属のキノコに含まれるムスカリンなどが知られています（図5）。

ヒトヨタケの中毒はユニークです。このキノコはおいしいキノコで、食用とされている場合もありますが、体内にアルコールが入っていると中毒を起こします。コプリンが体内で加水分解され、アセトアルデヒド脱水素酵素を阻害するアミノシクロプロパノールとなるからです（図6）。アセトアルデヒドは悪酔や二日酔の原因物質ですから、これが体内に留まったままになっているとずっと二日酔いが続いた状態に陥ります。よってヒトヨタケを食するときの飲酒は禁物です。

図8　テングタケ（福岡県篠栗町）

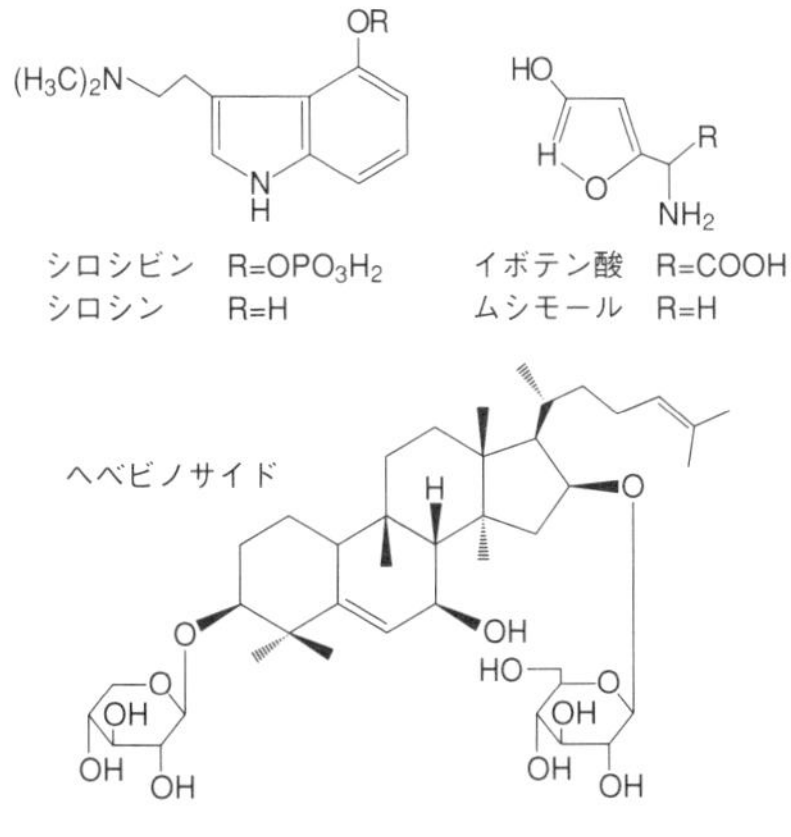

図9　中枢神経に作用する毒成分の例

中枢神経に作用する毒　神経系に作用する毒成分としてはアルカロイドと総称される化合物がしばしばとり上げられます。アルカロイドとは動植物に含まれる塩基性の物質で、窒素を含んでいる化合物です。生理活性が強く毒物や薬物として古くから知られていました。キノコの毒成分の中でもアルカロイドに属するものがかなり多く知られています。これらの毒キノコを食べると、幻覚や精神錯乱などの症状が起こります。

シビレタケやヒカゲシビレタケ（図7）のシロシビン、シロシン、ベニテングタケやテングタケ（図8）に含まれるイボテン酸、ムシモールなどが毒成分として見出されています（図9）。このうち、シロシンは空気に触れて酸化すると青色の物質に変わることから、シビレタケを見分けるとき、その青色で判断する場合があります。また、イボテン酸は強力な旨み成分として知られており、ハエを殺す作用もあります。地方によっては塩漬けして食用にする場合もあると聞きますが注意が必要です。

アルカロイド以外ではアカヒダワカフサタケに含まれるトリテルペン配糖体のヘベビノサイドが見出されています（図9）。

図10　ニガクリタケ（広島県）
ニガクリタケは左の写真のように緑変する

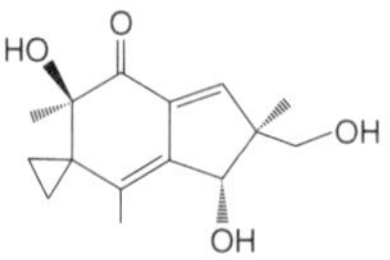

イルジンS

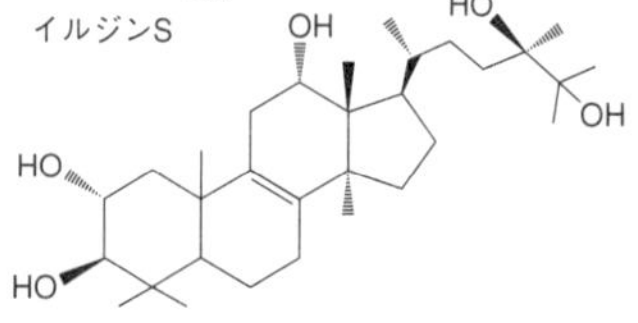

ファシキュロールB

図12　胃腸を刺激する毒成分の例

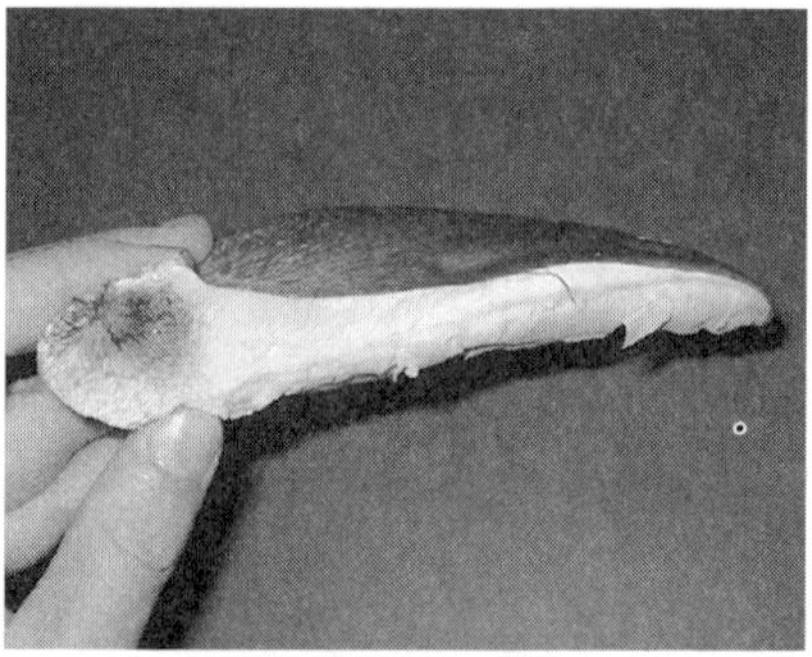

図11　ツキヨタケの茎の黒変

胃腸を刺激する毒　これらのキノコの中には、カキシメジ、ツキヨタケ、ニガクリタケ（**図10**）、クサウラベニタケなどがあります。それぞれよく似た食用キノコがあり、誤食されることの多いキノコで、国内でみられる中毒例の大半は上記のキノコによるものです。特にツキヨタケは写真のように裂いた茎の部分が黒変するので区別できますが（**図11**）、よく発生するキノコのためか、毎年中毒例が絶えません。

　胃腸を刺激するキノコの毒成分として、ツキヨタケに含まれるイルジンS（異名：ランプテノール）、ニガクリタケに含まれるトリ

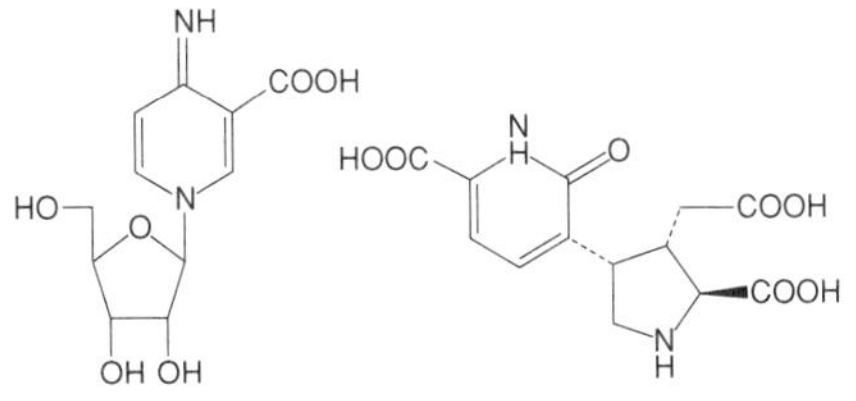

クリチジン　アクロメリン酸A

図13　激痛毒成分の例

テルペノイドのファシキュロールなどが見出されています(図12)。これらのキノコを食すると嘔吐、下痢、腹痛などを起こします。またクサウラベニタケからは、ムスカリンやムスカリジンなどの低分子成分とともに、分子量約四万のタンパク質が下痢を引き起こす成分として見出されています。

激痛毒　食べると手足に激痛を生じさせることで有名なキノコでは、ドクササゴが知られています。その痛みは、焼け火箸を突き刺されたような痛みといわれ、長いときは一カ月以上続くといわれています。毒成分はクリチジン、アクロメリン酸などが見出されています(図13)。

●毒キノコを利用するために

ここまでの記述は現在わかっている毒成分についてのほんの一部です。またキノコの中には、まだ毒成分が不明なものや、毒があるかないかわからないキノコもあります。そのため、毒成分の研究はまだ途上で、新しい成分が発見されていく可能性があります。さらに、毒キノコの成分にはとりわけ神経系に作用するものなどがあるため、医学分野での応用も期待できます。従来はどちらかというと人間にとって害の方が大きかった毒キノコも、せっかくの資源ですからもっと研究を深めていけば、きっと人類にとって役立つ利用方法も見つかることでしょう。

【参考文献・図書】

今関六也、大谷吉男、本郷次雄編『日本のきのこ』山と渓谷社、一九八八年
江口文陽、渡辺泰雄編『キノコを科学する』地人書館、二〇〇一年
川合正允『きのこの利用』築地書館、一九八八年
菅原龍幸編『キノコの科学』朝倉書店、一九九七年
水野　卓、川合正允編『キノコの化学・生化学』学会出版センター、一九九二年

毒キノコを誤って食べないように

毒キノコを見分けるにはさまざまな伝承が伝わっていますが、残念ながらそれらはすべて迷信と考えなければなりません。例えば、虫が食べたキノコは食べられるというのも、肝臓に作用する毒に対しては、肝臓の無い虫が食べたからといって人間に当てはめることができないことはお分かりでしょう。また図鑑を参考にキノコを見分けるのもひとつの方法ですが、キノコは発生場所などの環境によって微妙に形が違って発生する傾向があります。やはり確実なのは、その土地でキノコをよく知っている人と一緒にキノコ狩りをするということ以外ないでしょう。各地方にはそれぞれキノコの同好会があり、年数回の「キノコ観察会」でキノコの同定や鍋会を中心に親睦しています。

皆さんもキノコ狩りをするときは、このような会に入って安全にキノコ狩りを楽しんでみてはいかがでしょうか。

Welcome to Our KINOKO WORLD!!
©2004 nakasyan

かわいいのや….. まぎらわしいのや….. きれいなのや….. ふしぎなのや…..

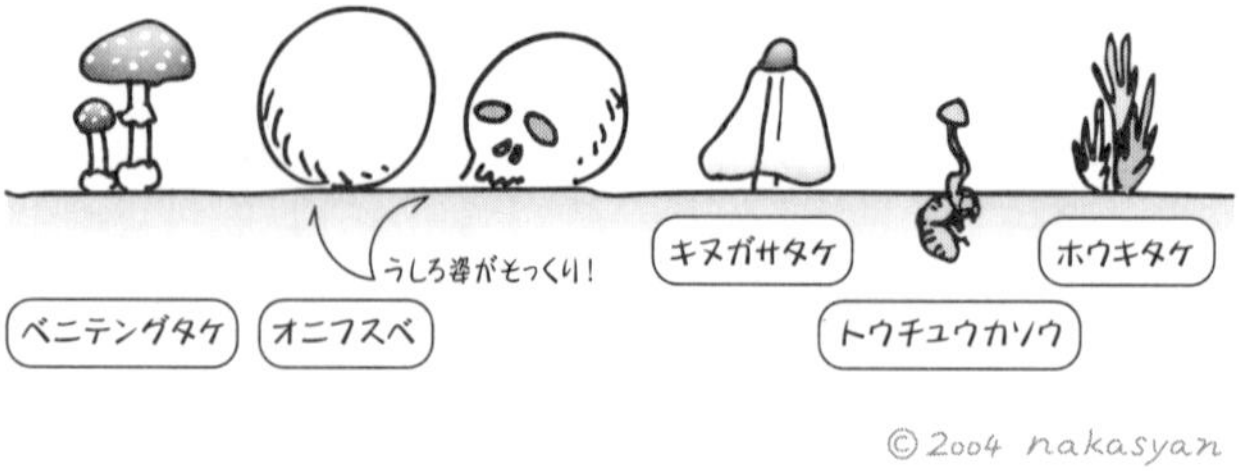

第三章　キノコのバイオテクノロジー

第一節　キノコの遺伝資源

●キノコ遺伝資源の重要性

核酸の塩基配列情報を利用した分子系統学的な研究により、キノコは中世代ジュラ紀(約一億五、〇〇〇万年～二億年前)に地球上に出現し、約一億三、〇〇〇万年前に多様化したと推定されています。キノコの化石はあまり多く発見されていませんが、白亜紀中期(九、〇〇〇万年～九、四〇〇万年前)の地層の琥珀の中からは、現存するホウライタケ属のキノコと形態的に極めて類似した子実体の化石が発見されています。従って、人類が出現した時代(五〇〇万年～六〇〇万年前?)には、現在と同様の多種多様なキノコが世界各地に存在していたと考えられます。

日本にも多くの種類のキノコが自生しており、その数は現在分類されている(学名が付けられている)ものだけでも約三、〇〇〇種、分類されていないものを含めると六、〇〇〇種以上あると考えられています。そのうち、我々にとって有益な食用キノコや薬用キノコは七〇〇種類以上知られています。キノコは、食用や薬用以外にも、酵素利用や物質分解など多方面に利用できる可能性があり、利用価値の高い貴重な遺

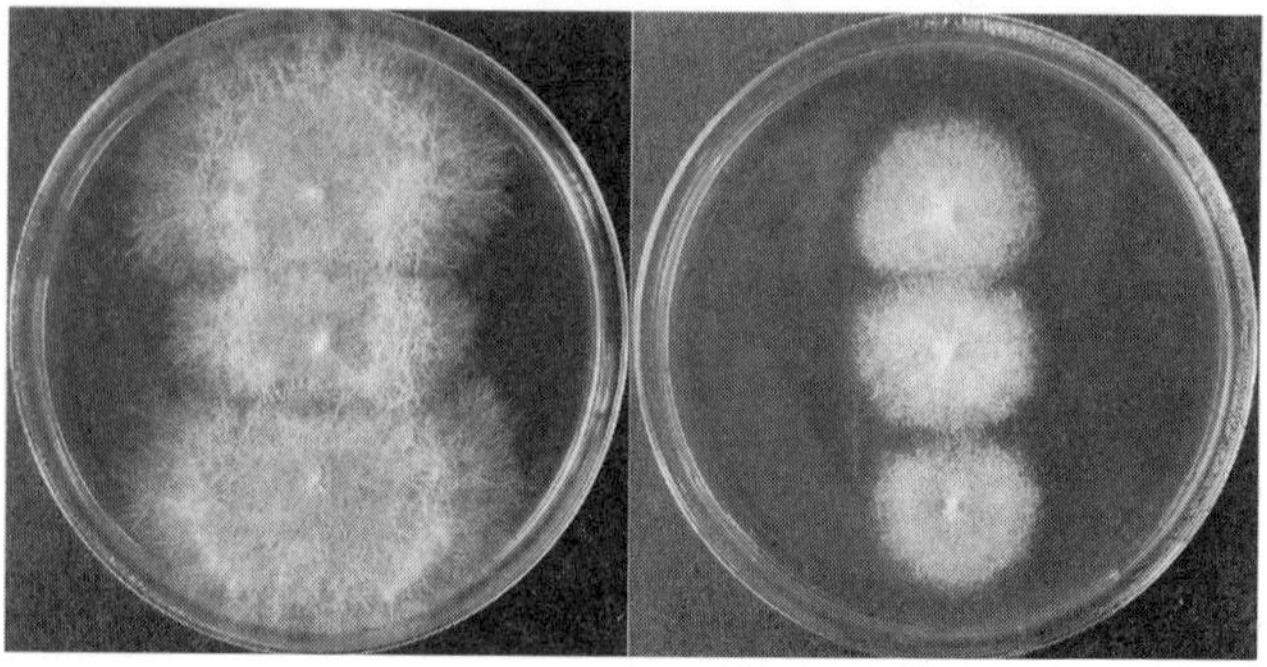

図1　菌糸体の伸長速度、コロニー形態の系統間差異(ヒメマツタケ)

伝資源と言えます。

ところが、天然林の減少、また環境汚染に伴う生態系の変化などによって、太古の昔から受け継がれてきたキノコの遺伝資源が次第に失われていく危険性もあります。現在、既に我々が利用しているキノコの種だけに限定しないで、将来利用が可能と思われる種や、絶滅の恐れがある種なども対象にして、それらを遺伝資源としていつでも利用できるように収集しておくことが重要になります。

収集したキノコの遺伝資源を有効に利用するためには、それぞれの種の生理・生態的特徴などを把握しておくことが重要です。また、同じ種類のキノコでも系統間の特性(子実体の形態や生産能力、機能性成分の含有量など)の違いについて調査しておく必要があります。第一段階の試験としては、菌糸体の伸長速度やコロニー形態の比較(図1)、対峙培養試験(図2)などが簡便で、系統間の遺伝的差異を検討する上で有効と思われます。なお、キノコの様々な性質は、菌糸体や子実体の生育環境に大きく影響されるので、様々な条件下で繰り返し試験を行って、各系統の特性を明確にしておくことが大切です。近年では、後述するシイタケなどの例のように、分子情報によって系統間の遺伝的類縁関係が検討され、遺伝資源の評価に

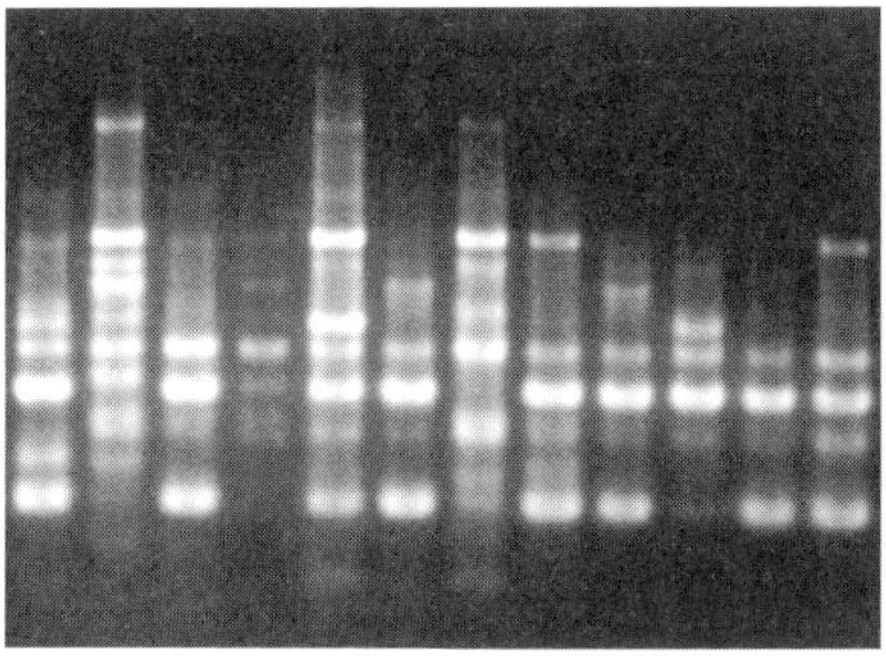

図3　シイタケの系統によるDNA増幅パターンの違い

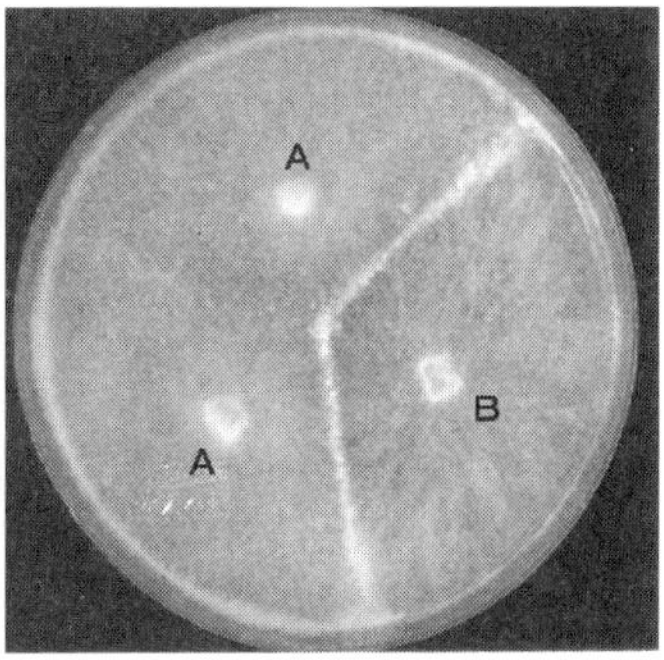

図2　対峙培養における帯線の形成
(ヌメリスギタケモドキ)

系統A(2カ所)および系統Bをマルト寒天培地上で培養

利用されています(図3)。

●育種への利用

店頭に並んでいるキノコをよく観察すると、同じ種類のキノコでも子実体の形態(色、形、大きさなど)に違いがあることに気がつきます。例えば、栽培エノキタケは白色のものがほとんどですが、最近は茶色のエノキタケも店頭で見かけます。このようなキノコの形態の違いは、キノコの栽培環境の違いによることもありますが、栽培に用いられるキノコの系統(品種)の違いによるところも大きいのです。野生のエノキタケの子実体は元々茶色です。以前は、光を当てない環境下で栽培することにより着色しないようにしていましたが、現在では作業のしやすい明るい環境下で栽培しても着色しない系統(色素合成系が変異した系統)が多く使われています。このように、系統によって子実体の形態、また栽培特性や子実体形成能力などが異なります。様々な特性を有した数多くの種類の栽培系統が開発されれば、それぞれの栽培の形態や環境、消費者のニーズなどによって、栽培に使用する系統を選ぶことが可能になります。

ところが、ツクリタケ(マッシュルーム)の栽培系統ではミトコンドリアDNAやアイソザイム遺伝子の同質性などから、またシイタケの栽培系統ではその限られた交配母体の数などから、栽培系統の遺伝的基盤の狭さがそれぞれ指摘されています。遺伝的基盤の狭さは栽培系統の画一化をもたらしますが、これは特定の害菌・害虫による被害が拡大するなど遺伝的脆弱性を増す原因にもなります。栽培系統の遺伝的基盤を拡大するためには、野生系統の導入が必須になります。従って、育種素材の遺伝的多様性を確保するためにも変異に富んだ遺伝資源をできるだけ多く収集・保存しておくことが重要なのです。また、これまでの栽培キノコの育種は、子実体の形態や収量性などの栽培特性を主たる育種目標として行われてきましたが、今後は病害菌耐性、美味しさや機能性なども重要な育種目標になると考えられます。このような新たな育種目標に対応するためにも、多様な遺伝資源が必要になるのです。

●遺伝資源の分布と変異

キノコは種によって野生の系統が分布している範囲が異なり、世界に広く分布するものや限られた地域にしか分布しないものなど様々です（表1）。先述のように、日本は自生しているキノコの種類が多く、我々にとって有益な多くの種類のキノコを野生から得ることができます。しかし、マツタケに似た歯ごたえとクセのない味で近年消費者に人気の高いエリンギは中央アジアやヨーロッパ、また抗腫瘍活性など様々な生理活性を有することで注目されているヒメマツタケ（図4）は北米やブラジルに分布している種なので、日本では野生の系統を自然から得ることはできません。それらの種は外国から野生系統や栽培系統が導入され、それらの中から日本の栽培環境に適した系統が選抜されてきました。

野生系統の地理的分布と遺伝変異の関係は、キノコの種類によっても異なると考えられますが、一般に地理的に遠く離れた地域に生息する野生系統の間ほど遺伝的な違いが大きくなる傾向があるようです。例えば、野生のヒラタケは世界に広く分布していますが、極東アジア、ヨーロッパ、そして北アメリカの三つの地域の野生系統の間では、アイソザイム遺伝子やミトコンドリアDNAの構造にははっきりとした違いが認められています。すなわち、ヒラタケの自然集団において地理的分布の違いと系統的類縁関係とは密接に関連していると考えられます。

ヒラタケが分布している極東アジアやヨーロッパなどのように、地理的に大きく異なる地域に分布する野生系統の間では、自然交配する機会はほとんどないと考えるのが妥当でしょう。すなわち、それぞれの地域ごとに固有の遺伝子を保持している可能性が高いのです。従って、広範囲から野生系統を収集し、地理的に遠く離れた野生系統の間で人工的に交配すれば、自然交配では得られない優れた性質を持った系統の開発が期待できます。実際にヒラタケの例で

表1　主な栽培キノコの野生系統の分布

種	分　布
エノキタケ	世界各地
エリンギ	中央アジア～ヨーロッパ
キクラゲ	世界各地
クリタケ	北半球温暖帯以北
シイタケ	東～東南アジア、オセアニア地域
ツクリタケ	北半球温帯地域
ナメコ	日本、台湾
ハタケシメジ	北半球温帯地域
ヒメマツタケ	北米、ブラジル
ヒラタケ	世界各地
フクロタケ	世界各地
ブナシメジ	北半球温帯以北
マイタケ	北半球温帯以北

図4　人工培地から発生したヒメマツタケ子実体

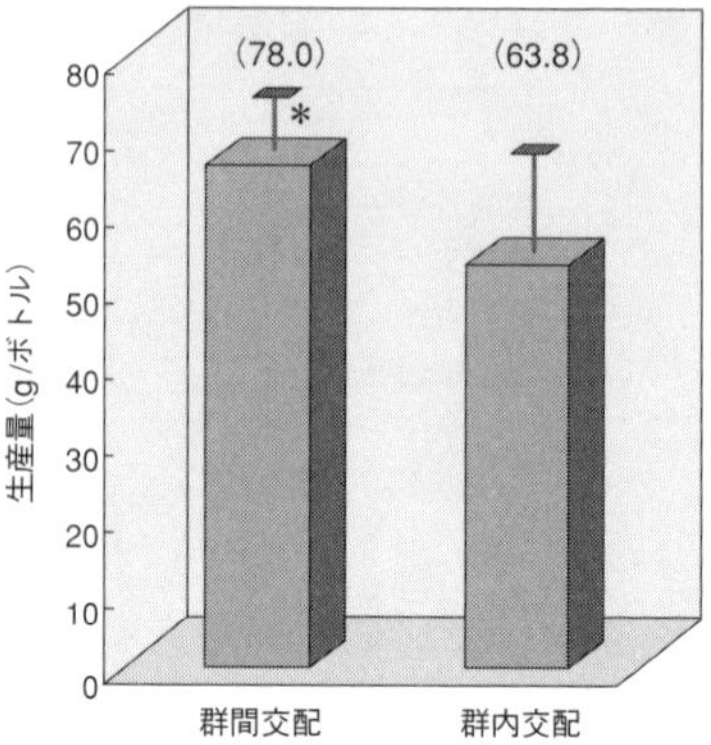

図5　ヒラタケの群内および群間交配株間の子実体発生能力の比較（松本、1996を基に作成）

*5％水準で有意差あり
群間交配　極東アジア産とヨーロッパ産野生系統の間で交配（9組の平均値）
郡内交配　極東アジア産あるいはヨーロッパ産野生系統同士で交配（6組の平均値）
バーは標準偏差（カッコ内の数字はそれぞれの最大値）

は、同じ地域の野生系統の間の交配で得たものよりも、地理的に遠く離れた地域の野生系統の間の交配で得たもののほうが、栽培期間（菌掻きから幼子実体の形成までの期間）が短く、さらに子実体の生産能力にも優れている傾向にあることが示されています（**図5**）。すなわち、交配に用いる系統間が遺伝的に近縁なものよりも、遠縁の関係にあるもののほうが、より雑種強勢の効果を期待できるようなのです。

種内においてより多くの変異を得るためには、それぞれのキノコの地理的分布について調査するとともに、可能な限り広範囲から野生の系統を収集することが大切でしょう。また、子実体の発生温度にも変異が認められる種については、同じ地域でも時期を変えて収集するとより多くの変異が得られると考えられます。

●シイタケ遺伝資源の分布と多様性

野生のシイタケは、日本・中国・タイなどの東アジア地域、パプア・ニューギニアなどの東南アジア地域、そしてニュージーランドを含むオセアニア地域と、主に環太平洋西側諸国に分布しています。地理的に大きく離れた自然集団、例えば日本産とパプア・ニューギニア産の野生シイタケの間には、子実体の大きさや色などにはっきりとした違いが認められています。このような子実体の形態的差異に基づいて、日本・中国・タイに分布するものを*Lentinula*《レンティニュラ》 *edodes*《エドデス》、ボルネオやパプア・ニューギニアなど東南アジアに分布するものを*L. lateritia*《ラテリティア》、ニュージーランドに分布するものを*L. novaezelandiae*《ノバエザラナディア》と命名し、それぞれを別の種として扱うことも提唱されています。しかし、これら三種は互いに交配和合性であることが明らかにされているので、生物学的種の概念からは一つの種と考えることができます。系統発生学的に一つの種として扱うのか、それぞれを別種として扱うのかは研究者によって見解が異なりますが、これらを育種素材として利用する場合は、交配可能な一つの種として扱うことができます。

シイタケ野生系統間の遺伝的類縁関係を推定するための研究として、アイソザイム分析、ミトコンドリアＤＮＡや核リボソームＲＮＡ遺伝子の構造解析などが行われています（**図6**）。それらの解析結果から、日本、パプア・ニューギニア、そしてニュージーランドの三つの地域の野生シイタケは、互いに遺伝的にはっきりと異なる自然集団を形成していることが示されています。すなわち、野生シイタケの地理的分布と遺伝変異との間には、先述の野生ヒラタケと同様に密接な関係があると言えます。また、日本とタイの野生シイタケは系統的に極めて近い関係にあることや、ボルネオ内には日本産あるいはパプア・ニューギニア産の野生シイタケと系統的に近い関係にあるものがそれぞれ存在する可能性も示されています。さらに、ネパールで採取された野生シイタケも、他の地域のものとは異なる核リボソームＲＮＡ遺伝子の塩基配列が認められており、シイタケの貴重な遺伝資源と考えられています。

また、パプア・ニューギニア産の野生シイタケについては、ミトコンドリアＤＮＡや核リボソームＲＮ

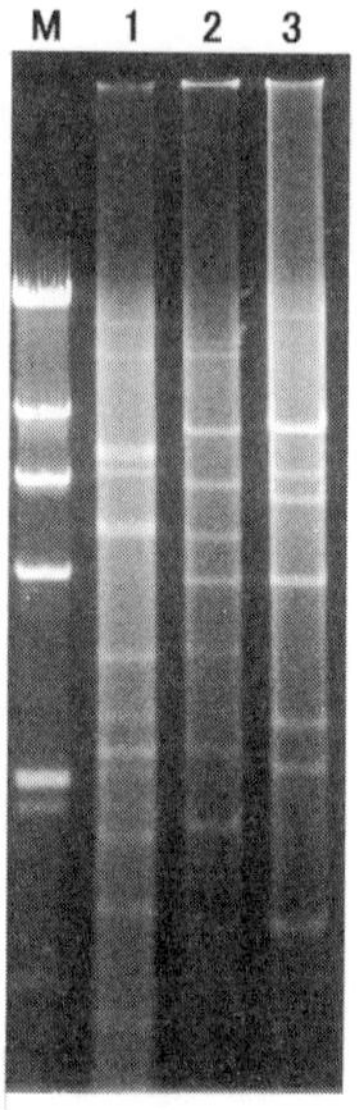

図6　シイタケ野生系統のミトコンドリアDNAの制限酵素(*Eco* RI)断片長多型

レーン1、2、3は、それぞれ日本産、パプア・ニューギニア産、ニュージーランド産野生系統。レーンMはDNAサイズマーカー(λDNA/*Hin* dIII)

A遺伝子の構造解析が明らかに異なる二つのグループが存在することが示されています。この二つのグループは地理的分布が異なり、一方のグループは標高約三、一〇〇メートル付近、もう一方のグループは標高一、五〇〇～二、〇〇〇メートルの高山帯に分布するものでした。パプア・ニューギニア内の地理的分布が異なる二グループの野生系統は、互いに固有の遺伝子群を保有している可能性があり、シイタケの遺伝資源としてそれぞれ貴重と思われます。

一方、日本の野生シイタケについては、北海道から九州までの広範囲から収集されたものについて調査されましたが、遺伝変異と地理的分布との間には特別な関係は認められていません。このような遺伝変異と地理的分布のランダムな関係は、日本の野生ヒラタケやカナダ西オンタリオ州の*Agaricus*《アガリカス》 *bitorquis*《ビトロキス》(ビトロキス・マッシュルーム)などでも観察されており、キノコの自然交配が比較的広範囲にわたって行われていることを連想させます。しかし、シイタケでは山林を利用して野外でほだ木栽培が行われてきたため、主要な栽培種による遺伝的侵食が起こった可能性もあります。実際に、日本の広い範囲から採取した野生系統の多くが、主要な栽培系統と共通の交配型因子を保有していた例も認められているように、特定の栽培系統が日本産シイタケで認められる遺伝変異と地理的分布のランダムな関係をより一層促したとも考えられます。シイタケの人工栽培が行われる以前は、パプア・ニューギニア内で認められるような、遺伝的に異なるシイタケの自然集団が地域ごと(例えば北海道、本州、四国、九州など)に存在していた可能性もあります。

ここでは、シイタケを例にして野生系統間の遺伝的関係について紹介しましたが、残念ながらこのような調査が行われているキノコの種はあまり多くありません。貴重な遺伝資源である野生系統を有効に利用するためにも、それぞれの種において野生系統間の遺伝的関係を明らかにしておくことが望ましいと考えます。今後、キノコの自然集団における系統的類縁関係についての知見が、利用価値の高いより多くの種で得られることを期待したいと思います。

●単一系統のテリトリーの大きさ

先述したように、地理的分布が大きく異なる野生の系統の間では遺伝的な差が大きくなる傾向にあるようです。しかし、逆に極めて狭い範囲に存在する野生系統の間にどの程度の遺伝的差異があるのかについても興味が持たれます。例えば、野生のキノコを採集する際、一本の自然倒木などに同じ種類のキノコの子実体が複数発生している場面をしばしば観察します(図7)。それら野生キノコを遺伝資源として採取する場合、それらが果たして遺伝的に同じものか否かについては、頭を悩ませるところです。仮に、発生している子実体が全て同じ遺伝組成のものであれば、それら子実体の中から代表を一個体だけ採集すればよく、逆に互いに異なるものであるのなら遺伝資源として個別に採集した方が望ましいからです。

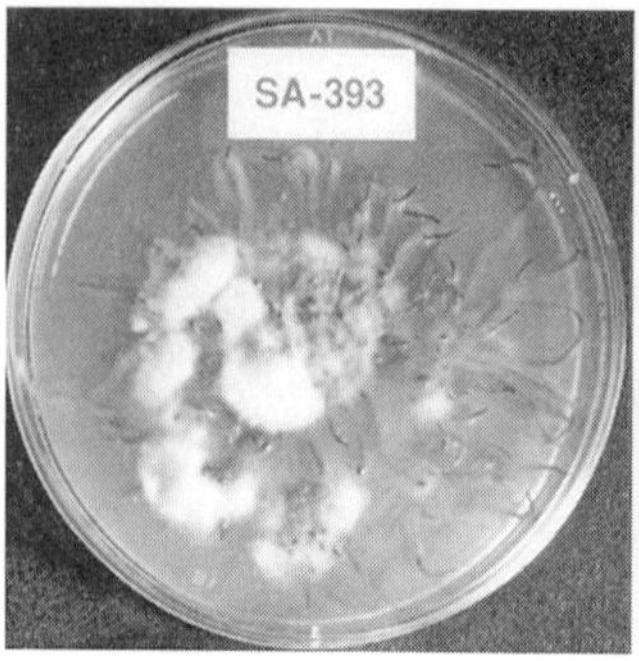

図８　マルト寒天培地に発達したナラタケ（*Armillaria mellea*）の根状菌糸束

図７　ヤナギ属の自然倒木に同時に複数発生しているヌメリスギタケモドキ子実体

キノコの単一系統に由来する個体（ジェネットとします）のテリトリーの大きさは、一体どの程度なのでしょう。これは、それぞれのキノコの繁殖方法によって大きく異なると考えられます。寄生性のキノコは生きた樹木の根から根へと菌糸体の栄養生長によって生育範囲を広げることができるので、単一ジェネットのテリトリーは意外に広いことが知られています。顕著な例は、樹木の病原菌として有名なナラタケ属のキノコで、何と単一ジェネットのテリトリーが一五ヘクタールの範囲にも及んでいたことが示されています（一二一頁ひとくちメモ参照）。ナラタケ属のキノコは栄養生長の際、植物の根に似た根状菌糸束を形成するので（図８）、根状菌糸束を形成しない種類のキノコよりも過酷な環境下で長期間生存することができるのでしょう。単一ジェネットのテリトリーが、このように広い種では、限られた範囲から変異に富んだ遺伝資源を得ることはあまり期待できないかも知れません。

一方、木材腐朽菌など腐生性のキノコは、基質（腐朽木など）の大きさによって各ジェネットの生育可能範囲が決まります。不連続な別の基質にテリトリーを広げるための手段は、有性胞子（すなわち遺伝組成が変わった子孫）の飛散が主になるので、単一のジェネットは通常同じ基質内のみにしか存在しないと考えられます。

基質の大きさにもよりますが、同じ基質内にも遺伝組成が互いに異なる複数のジェネットが同時に存在することがいくつかの木材腐朽性のキノコで認められています。例えば、エノキタケやシイタケの事例では、一本の自然倒木から同時に採取した野生株が、交配型因子やミトコンドリアＤＮＡの構造の違いによって複数のジェネットに分けられています。このことは、自然倒木の周辺、すなわち狭い範囲においても遺伝組成の異なる野生株が複数存在していることを示しています。なお、エノキタケやシイタケで認められた単一のジェネットのテリトリーの大きさは、概ね直径約一メートル以内でした。つまり、一メートル以上離れた位置には遺伝的に異なる野生系統が存在している可能性が高いと考えられます。

また、シイタケの例では、一本の自然腐朽木の約八メートルの範囲から採集した野生シイタケ一八菌株間の遺伝変異の幅が、北海道から九州までの日本の広範囲の地域から採集した野生シイタケ三八菌株の間の遺伝変異の幅より若干小さいだけだったことが、ミトコンドリアＤＮＡの構造比較により示されています。すなわち、日本の野生シイタケの自然集団内で認められるのとほぼ同じ程度の変異が、僅か一本の腐朽木から採取された野生シイタケの間で認められたのです。このように、木材腐朽性のキノコの場合は、単一の自然倒木などの狭い範囲にも、ある程度変異に富んだ自然集団が存在している可能性があるので、遺伝資源収集の際には留意する必要があります。

●遺伝資源の保存

遺伝資源の遺伝子構成を変えることなく、いつでも利用できる状態で保存しておくことが大切です。キノコの遺伝資源は菌糸体で保存するのが普通で、保存方法としては主に継代培養保存と凍結保存が行われています。

継代培養保存は、一定期間(三〜一二カ月)ごとに新しい培地に菌糸体を移植・培養後、保存する方法です。保存は低温(五℃前後)下で行うのが一般的ですが、エノキタケなどのように低温下で子実体を形成するような種は、室温下などで保存する必要があります。継代培養保存は、現在最も一般的に行われている方法と思われますが、系統数の増加とともに労力が増大することや、移植の際に雑菌が混入するなどの心配もあります。また、キノコの種類によっては、保存中に劣化や変異が起こる可能性もあるので注意が必要です。

凍結保存は、一般にグリセロールやポリエチレングリコールなどの凍結保護剤とともに菌糸体を超低温フリーザー(マイナス八〇℃以下)や液体窒素(気相マイナス一五〇℃、液相マイナス一九六℃)中で保存する方法です。理論的には、一度凍結保存すれば半永久的にキノコ遺伝資源を保存することができます。凍結保存は、保有系統数が多くなればなるほど保存方法として有益であり、実際に世界的な菌株保存機関であるATCC(American Type Culture Collection)などでは、凍結保存によって多数のキノコの系統が保存されています。**表2**はマイナス八〇℃保存の例ですが、五年間の凍結保存後も九割以上の系統が生存していたことを示しています。また、食用キノコの三五属六九種二五〇系統を液体窒素(マイナス一九六℃)保存した例でも、試験した保存期間は一カ月間と短いのですが、一系統を除いた全ての系統が再生可能であったことが示されています。さらに、凍結保存前後の栽培特性にも変わりがないことも数種類の栽培キノコ

表2 キノコの凍結保存(－80℃)後の生存率(Ito and Yokoyama、1987を基に作成)

分類群	供試系統数	生存率(%)*	
		保存1年後	保存5年後
ヒダナシタケ目	395	99.2	99
ハラタケ目	427	88.3	86.2
シロキクラゲ目	42	100	100
キクラゲ目	11	63.6	54.5
アカキクラゲ目	1	100	100
腹菌亜綱	18	77.8	66.7
計	894	93.2	91.8

*生存菌株数/供試菌株数×100

で確かめられています。今後は、より多くのキノコの種で、凍結保存が適用されると考えられます。

【参考文献・図書】

衣川堅二郎・小川　眞編『きのこハンドブック』朝倉書店、二〇〇〇年
最新バイオテクノロジー全書編集委員会編『きのこの増殖と育種』農業図書、一九九二年
杉山純多・西田洋巳『時空における菌類の多様化と系統』プランタ、五六巻、九～一八頁、一九九八年
福田正樹『シイタケ遺伝資源の多様性』日本農芸化学会誌、七三巻、六二六～六二八頁、一九九九年
松本晃幸『ヒラタケミトコンドリアDNAの多型性と遺伝制御』菌蕈研究所研究報告、三四号、一～九七頁、一九九六年
Fukuda, M., Fujishima, M. and Nakamura, K. "Genetic differences among the wild isolates of *Flammulina velutipes* collected from a fallen tree of *Broussonetia papyrifera*", Rep. Tottori Mycol. Inst. 38, 23-31(2000)
Hibbett, D.S., Grimaldi, D. and Donoghue, M.J. "Cretaceous mushrooms in amber", Nature 377, 478(1995)
Ito, T. and Yokoyama, T. "Further investigation on the preservation of basidi-

omycete culture by freezing", IFO Res. Comm. 13, 69–81(1987)

Maekawa, N., Fukuda, M., Arita, I. and Komatsu, M. "Cryopreservation of edible basidiomycetous fungi in liquid nitrogen", Rep. Tottori Mycol. Inst. 26, 15–28(1988)

Smith, M.L., Bruhn, J.N. and Anderson, J.B. "The fungus *Armillaria bulbosa* is among the largest and oldest living organisms", Nature 356, 428–431(1992)

世界最大級の生物は……キノコ！

地球上で最大級の生物と言えば、海洋ではクジラ、陸上ではゾウあるいは屋久スギなどの巨大木を想像します。また、長寿命の生物としては、樹齢数百年にも達する樹木を思い浮かべるでしょう。最大級、長寿命生物という言葉からは、誰もキノコ類などは連想しなかったことでしょう。

ところが1992年、世界的な英国の科学雑誌「Nature《ネイチャー》」に、世界で最大・最長寿命の生物としてナラタケ属のキノコ(*Armillaria bulbosa*)が紹介され話題になりました。アメリカ合衆国ミシガン州の広葉樹林の中に、広さ15ヘクタールの範囲で確認されたナラタケの子実体や菌糸体が、実は一つの個体に由来するものであることがDNA解析の結果示されたのです。同じ遺伝子の細胞から成る個体（菌糸体）が15ヘクタールの範囲に存在していると考えると、その個体の総重量は100トン、寿命は1,500年と推定されています。まさに世界最大級・最長寿の生物＝キノコと言えるでしょう。

キノコの種類や生育環境、さらに栄養の条件などにもよりますが、キノコはこのように1,000年以上もの長い間、生長を続けることが可能な生物なのです。我々の間近にも、巨大で長寿命のキノコが潜んでいるのかも知れません。

第二節　キノコの育種

●キノコの育種法

稲や小麦の品種改良は、人類が狩猟をやめて農業を開始した時から始まっています。園芸作物や野菜も、国内では千二百年前ころからすでに栽培が開始されています。江戸時代には、今食べられているほとんどの野菜の品種が出来上がっており、また朝顔のような鑑賞用の花にいたっては、千種類近い品種が生み出され、人々を楽しませていたそうです。また、味噌、醤油、酒作りにかかせない麹カビも、早くから人の手によって選抜され、保存されています。

しかし、キノコは長い間、野山に入って採集してくるものでした。かろうじてシイタケでは、江戸時代後期に、木に胞子をまいておき、キノコを発生させる一種の栽培法が行われていたようですが、エノキタケやヒラタケのビン栽培が始まったのは昭和に入ってからです。

このように、キノコは、野菜や果物からは完全に出遅れた形で栽培が開始されました。しかし、その後の追従は驚異的と言ってよいでしょう。一九八〇年から二〇〇〇年の二十年間に、一人当たりの野菜類の購入量の中で最も高い増加率を示した品目は、「シメジ、ナメコ、エノキタケ」でした。その増加率は実に三三〇%だそうです。また、シイタケも一〇〇%の増加率を示し、第四位となっています。（総理府統計局・家計調査年報から）。この間、生鮮野菜の購入量そのものは、全体としては七%減少しているので、キノコの消費量の伸びは際だっていると言えます。また、量だけでなく、食卓にのぼるキノコの種類が、ここ数年の間にずいぶん増えています。このように、キノコはまだまだ、伸び盛りの農作物といえましょう。

それでは、キノコの育種法について見てみます。


育種の必要条件　「育種」に必要な条件は三つあるとされています。

一つ目は、材料の生活史に対する知識。

二つ目は、豊富な材料。

三つ目は、もちろん、育種の方法です。

一つ目のキノコの生活史は、第一章の第二節で述べられたように、すでに明らかになっていますが、その発見は意外に最近のことです。個々のキノコについてみると、エノキタケの一核菌糸と二核菌糸の違い、すなわちクランプの有無が確認されたのが一九二〇年代、その後一九五〇年代までには四極性が明かになっています。ヒラタケも、一九三三年に四極性が確認されています。ナメコの二極性が報告されたのは一九六〇年代に入ってからです。ツクリタケの交配様式が詳細に明らかになったのは、実は一九七〇年代に入ってからです。このことからも、キノコは育種の歴史が非常に浅いことがわかります。

それでは、今まで行われてきた育種の方法についてみてみましょう。

交雑法　キノコの育種には、まず胞子を分離し、それぞれの胞子から発芽させた一核菌糸どうしを交配して新たな二核菌糸を作り、栽培キノコとして優れた特性を持っているか調べる方法があります。同じ菌株から取れた胞子どうしを交配させる場合、「群内交配」あるいは「自殖交配」と呼び、異なった菌株どうしを交配させることを群間交配「他殖交配」と呼びます。おおざっぱに言って、今ある系統の長所をより強調したい場合は自殖交配、弱点を補いたい場合に、他殖交配をすると考えてよいでしょう。

しかし、キノコの場合、交配を行った後の二核菌糸の表現型が、どのような法則に従って現れるかは、実はよくわかっていません。植物、動物のように、減数分裂を経て半数体になった雌雄由来の細胞どうしが、生殖によって二倍体(Diploid)に戻る場合の遺伝の法則が、そのまま二核(Dikaryon)にもあてはまるのでしょうか。メンデルの「優性の法則」「分離の法則」などがそのまま、適用できるのでしょうか。

さらに、細胞内で二つの核が共存する時、それぞれの核の持つ遺伝情報が、常に一：一で発現するのでしょうか？　どちらかの核が、他方の核から何らかの影響を受け、一核菌糸の時と違う遺伝子を発現することがあるかもしれません。また、一緒になる相手によって、発現する遺伝子群が違ってくることもあるかもしれません。このあたりは、詳しく解明されていないことばかりです。

選　抜

交配によって新しい品種を作りだすより、栽培している途中に、自然に突然変異的に出現するより好ましい特性を示すキノコから組織(菌糸のかたまり)を分離し、新たな系統にすることもあります。この場合の育種法は、「選抜」と言います。また、このようにして作った系統を改めて補強するために、野生株や別の系統と「交配」させたりもします。

野生から分離して日の浅いキノコでは「選抜」が有効ですが、歴史の長いキノコは、遺伝的にすでに非常に均一になってしまっているので、「選抜」の有効性も低いでしょう。また、同じ理由で自殖交配でより良い系統を作ることも、ほとんど期待できません。

突然変異

そこで考えられるのが、人為的に突然変異を起こせないか、ということです。これには、たとえば、紫外線やX線を照射する方法があります。こういった方法は、今働いている遺伝子を壊すことを目的とした場合に有効です。例えば、胞子を作らなくさせる、茎の伸長を止める、傘を開かなくする、などの突然変異体は、この方法で取得できます。一方、収量を上げる、耐病性を付与するなどのプラスの性質を付与する変異を起こさせることは、多分不可能でしょう。

細胞融合

一時非常に注目された「細胞融合」があります。しかし、キノコは、原始的な生き物ながら、「異種認識機構」を持っています。体内に異物が入ってきた時、それを排除しようとする「免疫」のような機構です。そのため、細胞壁を取り除いたくらいでは、この機構が働くことを阻止することはできません。よって、「細胞融合」可能な組み合わせは、すなわち交配可能な組み合わせです。

野生の財産

さて、人間は、毎年同じように栽培すれば、必ず同じキノコが取れて来る均一で安定した品種を理想とします。これは、キノコに限らず、どんな農作物にもあてはまることでしょう。ところが、人間の好みによる選抜が続き、遺伝的にあまりにも均一になってくると、一つの突発事項でその系統が全滅してしまう可能性が出てきます。こうなると、改めて違う栽培特性をその系統に付与してやらなければなりません。

そのために重要なことは、育種の第二の条件、「豊富な材料」ということになります。現在流通している栽培系統は、もともとは同じ株由来であるケースが多く、お互いすでに育種の材料には不向きです。そこで、新しい品種を作るためには、色々な野生株を多数採集して、コレクションを作っておくことが大事でしょう。その中から、耐病性に優れたもの、香りや色のよいもの、より簡単にキノコを出すものなどを選んで行くことになります。

ウイルスには注意　野生株を育種の材料として使用する際に注意したいことがあります。それは、ウイルスです。キノコのウイルスは、植物ウイルスのようなひどい病徴を示さないので、今まで見過ごされてきました。しかし、最近になって、純白系エノキタケが突然茶色に色づく現象は、ウイルスが引き起こしていることがわかってきました。また、突然菌まわり(菌糸の増殖)の悪化を引き起こすウイルスもあります。ウイルスは、ある程度数が増えたところで突発的に症状が出、また潜在化してしまいます。そのため、交配の結果に混乱を生じます。正確な情報を得るためには、まず育種をスタートさせる株がウイルスフリーであることを確認しておくことが必要です。と同時に、交配相手にウイルスを保持した野生株を選ばないことが重要です。

キノコの「種《たね》」　さて、次にキノコの育種のもう一つのユニークな特徴についてお話します。植物は、種子から芽を出し、花をつけ、実を結び、ふたたび種子を作って生活史を終えます。人間は、その種子を取っておくことによって、次の年も同じような植物体を得ることができます。ところが、キノコは、菌糸の状態で保存し、菌糸から菌糸をふやすことによってキノコを生産します。このように、保存用の菌糸を、「種菌」と呼んでいます。

一般に種子は厳しい環境下でも生き残れるような工夫が施されており、非常に安定な形態になっています。千年前の蓮の種子から花を咲かせることも可能なくらいです。ところが、菌糸のままの「種菌」は、低温で保存されるものの、少しずつ体細胞分裂を繰り返しています。植物の種子のような休眠状態ではありません。体細胞分裂は有限であり、いつかは老化が始まり、最後は分裂を止めるようになってしまいます。

これが、今の栽培キノコの抱える大きな問題かもしれません。つまり、一つの系統の「種菌」に、寿命があるということです。今は、一つの品種が使えなくなる前に、新しい品種を作っておくことでしのいでいます。

キノコと同じような菌糸状の微生物に、酒造りに使われるコウジカビがあります。それぞれの酒蔵で、門外不出の麹を代々持っているものですが、中には室町時代からのものもあるそうです。麹は、まず炊いた米に胞子をまいて、菌糸にさせてから種麹として酒造りに使います。また、使用後の麹から胞子を採集してしまっておきます。このような形で保存しているせいか、麹の品質は非常に安定しているそうです。キノコも、もう一歩進んだ「種」の保存法を開発する必要があるようです。

●キノコのゲノム

ここ何十年かの間に、遺伝子操作の手法は格段に進歩し、すでにキノコの中にも全遺伝子（ゲノム）配列が決定されたものもあります。こういった成果は、キノコの育種にすぐにも多大な貢献をするかのような印象を与えますが、ゲノム配列とは、骨格標本のようなものです。骨の断片一つからその働きが判断できないのと同様に、ゲノムの情報だけではその遺伝子の実際の機能はわかりません。個々の遺伝子の機能を明らかにするには、数多くの実験を行わなくてはならず、残念ながら、重要な食用キノコで、栽培特性に直接関与する遺伝子が単離された報告は、まだまだ少ないのが現状です。

しかし、原理的には、キノコの色、収量、形、日持ちなどを制御している遺伝子が明らかになれば、その遺伝子を改変することによって、キノコの表現型を人間の好きなものに変えることは可能です。たとえば、子実体が成熟する時に働く酵素の遺伝子を破壊しておけば、キノコがある大きさになったところで成長を止めるので、日持ちのよいキノコができるはずです。また、本来キノコが持っていない栄養分を合成する遺伝子を、キノコの染色体に組み込ませることによって、新たな栄養を含んだ食用キノコ生産なども可能です。

キノコの遺伝子操作　遺伝子を切ったり、貼り付けたり、合成したりする酵素や試薬は、試薬会社でキットとして販売されるようになり、以前とくらべると誰でも簡単に遺伝子操作ができるようになりました。遺伝子組み替え(形質転換)では、切り出した遺伝子をベクターに貼り付け、それをキノコに入れてやります。一般的には、ポリエチレングリコールとカルシウムイオンの存在下でプロトプラストとDNAを混ぜてやると、DNAがキノコの細胞内に入っていき、染色体に組み込まれます。染色体に組み込まれた外来DNAは非常に安定で、減数分裂を経て胞子にまで伝わることが確認されています。

しかし、キノコによっては、プロトプラストが多数取れないものがあります。その場合は、圧力などの物理的な力でDNAをキノコの組織に直接打ち込む方法もあります。また、ツクリタケでは、今までどうしても形質転換がうまくいかなかったのですが、目的遺伝子をまずアグロバクテリウムという植物に感染してコブを作らせるバクテリアの方に導入しておき、次にアグロバクテリウムをツクリタケの菌糸に感染させて、ついに形質転換に成功しています。

いずれにせよ、遺伝子組み換えは、キノコですでに実現可能です。が、今のところ組み換えキノコその

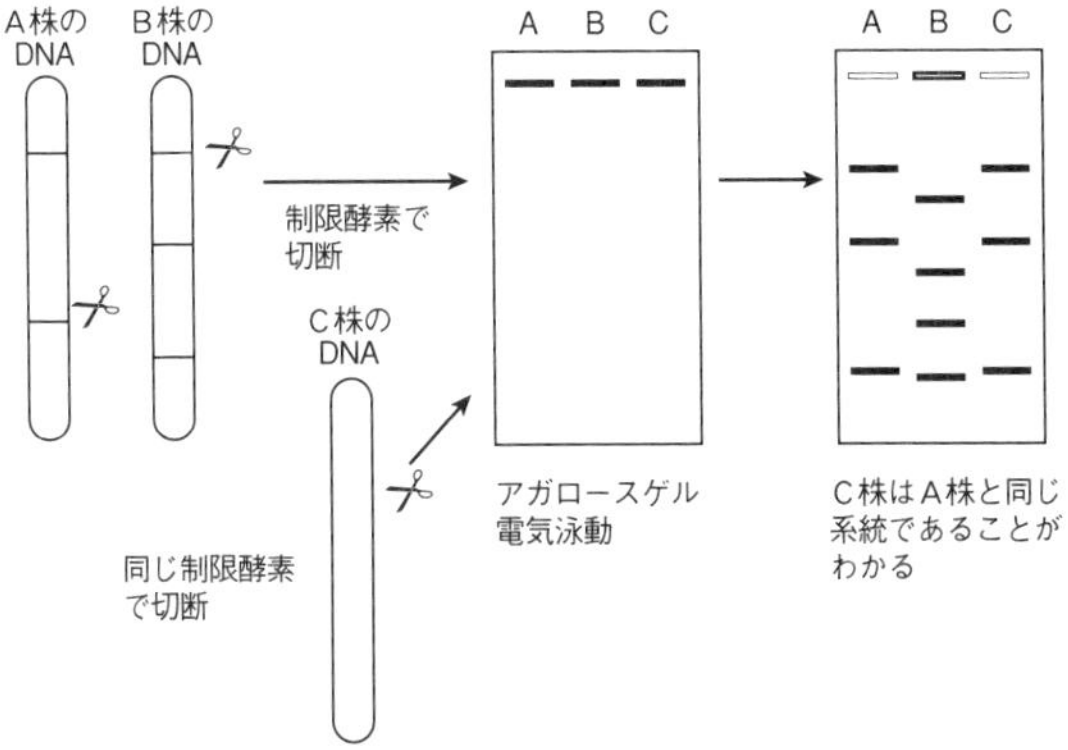

図1 RFLP法

ものが、消費者に受け入れられる状況ではありません。

キノコのDNAマーカー　そこで、遺伝子を直接改変するのではなく、キノコの遺伝子情報を育種に利用する方法があります。また、この方法では、遺伝子の機能そのものは知らなくてよいのです。一般に、遺伝子情報をその品種の指標にするとき、「DNAマーカー」と呼びます。

RFLP（制限酵素断片長多型）　これは、株の識別に使われる方法です。（図1）DNAを酵素で切ってやると、株ごとにDNAの違った場所で切れ、さまざまの長さのDNA断片が生じます。出てきたDNA断片を、株ごとに寒天ゲルで電気泳動してみると、バンドのパターンに違いがあります。近い系統は同じ電気泳動パターン、より遠いものは異なるパターンを示します。株どうしが同じものかを判定したり、調べたい株がどのグループに属するかなどを決定する時に役立ちます。バンドを見やすくするために、DNAの特徴的な配列に貼り付く短いDNA断片を目印にして、パターンを検出するサザンハイブリダイゼーションという方法もあります。

RAPD　キノコのDNAに、ランダムにはりつくプライマー

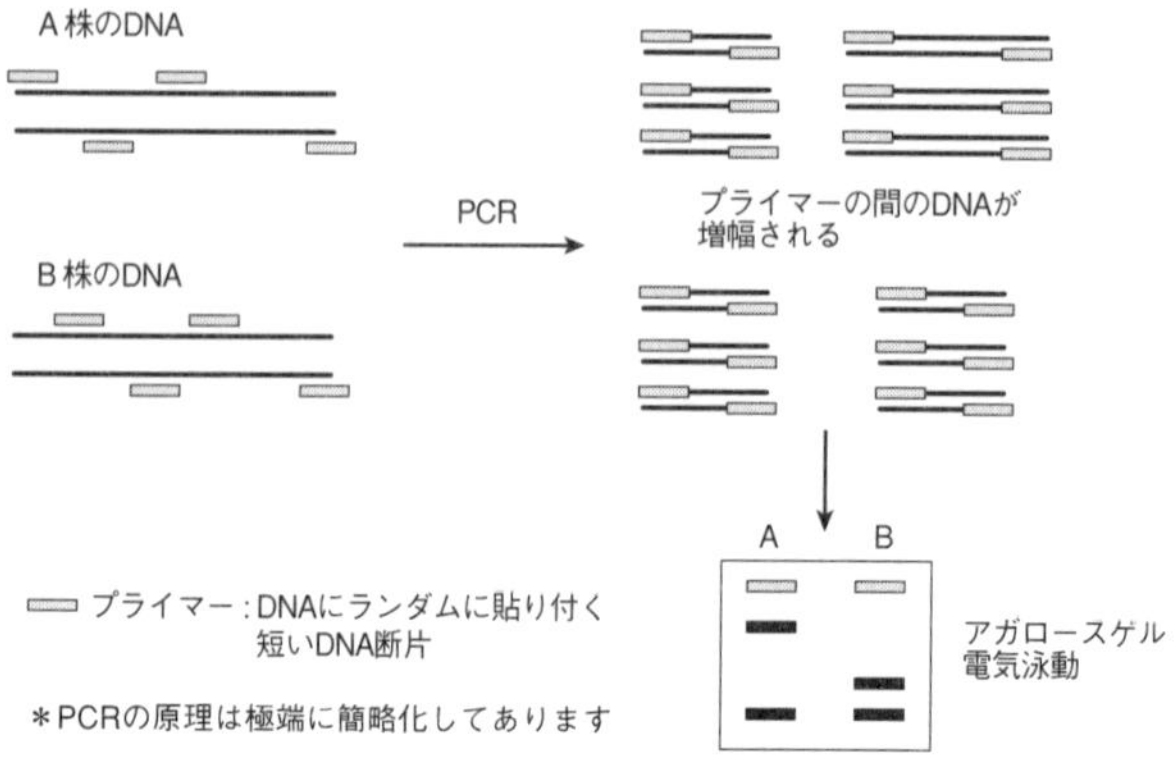

図2　RAPD法

（数個から数十個の塩基からなるDNA断片）を使って、PCR（ポメラーゼ連鎖反応）法で増幅したDNA断片の大きさと数は、それぞれの系統によって異なっています。この方法をRAPDといいます（図2）。例えば、プライマーPを使用した時のA株とB株のRAPDのパターンは異なり、プライマーQを使用すると同じだったとします。この時、A株は白いキノコ、B株は茶色のキノコを作るとすると、実際キノコの色を調節している遺伝子がまだ不明の時点で、プライマーPによるRAPDパターンをキノコの色の指標にできます。このように色々な栽培特性にリンクしたプライマーを捜し出しておきます。

　すると、育種の目的にあった株が、菌糸をRAPD分析することによって選抜可能になります。また、交配の結果得られた多数の二核菌糸の中から、DNAマーカーによって、望んだ特性を持つ株を効率良く選抜することも可能になります。

●これからのキノコ育種の問題点

　遺伝子操作した農作物を消費者が受けいれない間、これからもキノコでは交配・選抜を繰り返す育種が主流となるでしょう。そのため、栽培試験までの過程をいかに効率化するかが大きな課題だと思われます。

交配に使用する一核菌糸のうち、目的とする特性を持ったものを効率的に選び出す手法、二核化した後の各特性の表現型の出現法則、菌糸の状態で栽培特性を判定できるマーカーなどの開発・解明が待たれます。

例えば、耐病性は、キノコ自身が作る抗菌物質の量と相関があるかもしれません。野生株は、それぞれが明らかにウイルスに対する抵抗性が異なっています。何が抵抗性をつかさどっているのでしょうか。また、菌体外にキノコが生産する酵素の中には、子実体生産能力と相関するものがあります。そこで、酵素活性をマーカーにして、菌糸の状態で簡便に子実体生産能力を判定する手法の開発も望まれます。

●日本人ならでは

江戸時代の人々は、メンデルの法則や二重らせんの知識があったわけではありません。それでも、野菜や花木の品種を数多く作りだすことができました。緻密な観察力と根気、そして何より生き物を慈しむ心のなせる技です。こういった日本人の長所をこれからも生かし、ポスト・ゲノム時代の新しい手法を取り入れながら、キノコ産業がますます発展して行ってほしいと思います。

【参考文献・図書】

日本人が作りだした動植物企画委員会編『日本人が作りだした動植物』裳華房、一九九六年
福田一郎編『二一世紀への遺伝学Ⅵ 応用遺伝学』裳華房、一九九五年
Chang, S.T. and Hays, W.H. ed. "The Biology and Cultivation of Edibel Mushrooms", Academic Press, Inc. (1978)

キノコのジレンマ

野菜やくだものの栽培品種は野生種に比べると色・形、味、すべてにおいて大変優れたものとなっています。キノコはどうでしょうか？

もとは原木栽培されていたキノコが、菌床栽培によって生産されるようになった当初、風味が劣るという批評が聞かれたものでした。しかし、今ではどんなキノコも菌床栽培されるようになっています。何年か前まで原木栽培されていたキノコは勿論、野外で採集されたキノコの味など最初から知らない人が、消費者の大部分を占めるようになってきています。

さらに、本来は菌根菌であるホンシメジや、野外では土からじかにはえているハタケシメジもビン栽培される時代になっています。また、おが屑を使わず、何回でも再利用できる培地基材の開発もすでに始まりました。キノコの機能性成分に注目し、その含量を増やす工夫も始まっているようです。どんな品種にしろ、これからのキノコ栽培は、ますます人工的に調合された培地を使用し、何度でも使える培地基材を用いて促成栽培を行う方向へと向かっているのは間違いないでしょう。最終的には、水耕栽培のような形になるのではないでしょうか。

果たして未来のキノコは、野生種に比べておいしくなっているでしょうか？ その頃に、「昔の菌床栽培のキノコはもっとおいしかった。」とぼやく老人がいないことを願います。

第三節　キノコの利用

●遺伝子組換え技術

新しい性質を持ったキノコの品種を作り出す方法としては、今まで主に用いられてきた交配と選抜による方法の他に、細胞の中に人工的に遺伝子を導入するという方法、すなわち遺伝子組換えがあります（図1）。遺伝子組換えの特徴は、狙った形質のみを特異的に生物に導入することができるというところです。したがって、ある特定の性質を持ったキノコを作り出したいというとき、交配と選別を繰り返して目的の性質をもつ株が現れてくるのを待っていた従来の手法に比べて、大幅に時間と労力を縮小することができます。そのうえ、既存の遺伝的性質の組み合わせに頼っている交配だけでは得られないような高度な性質を持つ株が結果として得られることも期待できます。一般に遺伝子組換えにより、もとの性質とは、違う性質を持った生物を作りだすことを、生物学の専門用語では形質転換(transformation)と呼びます。よく「遺伝子組換え体」または「組換え作物」と呼ばれているのは、このように形質転換操作によって人為的に外来の遺伝子を導入された生物や農作物のことをさしています。

最近の研究の進展により、キノコの仲間においてもこうした遺伝子組換え体が作り出されるようになってきました。初期の研究では、ヒト

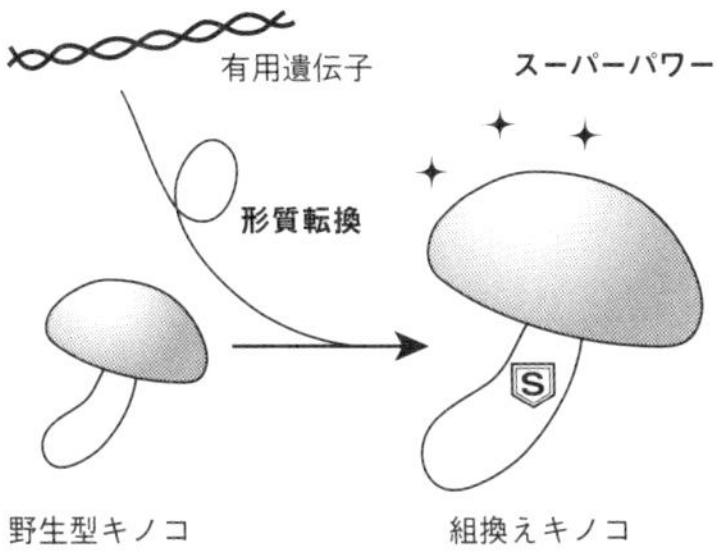

図1　形質転換により、有用遺伝子を導入して「スーパーキノコ」を作ることができる

ヨタケやスエヒロタケといったこれまで遺伝学の実験でよく使われてきたモデル生物を用いて、形質転換方法が開発されましたが、今ではシイタケやヒラタケ、エノキタケ、マッシュルーム等の食用栽培株や、ファネロケーテ(*Phanerochaete chrysosporium*)やセリポリオプシス(*Ceriporiopsis subvermispora*)、アラゲカワラタケといった産業プロセスでの利用が期待されているいくつかのキノコ(後述)でも形質転換ができるようになってきました。近い将来、これらのキノコにおいては、基礎研究の段階から一歩進んだ、より実用的な性質を持つ組換えキノコが育種されてくることが予想されます。一方で、その他の大半のキノコでは、まだ形質転換の方法が開発されていません。今後はマツタケや冬虫夏草菌類といった希少価値やおもしろい性質をもつキノコにおいても、遺伝子組換えを可能にする研究が進められていくでしょう。

●導入される遺伝子

キノコ自身がもともと持っている遺伝子を、人為的に外から導入して形質転換を行うことをセルフクローニングと呼びます。セルフクローニングは、細胞の中に存在しているある特定の遺伝子の数を増やしたり、発現の調節の仕方を変えることで、その生物が持っているよい性質を益々増進させてやったり、不都合な性質を抑えたりしたい際に有効な方法です。しかも、セルフクローニングの結果として作り出される株の遺伝的な組成は、自然界で普通に起こっている同種内での交配により生まれてくる品種に近いことが期待されますので、組換え体を利用していく上でのリスクが比較的少ないと考えられています。一方で、他の生物由来の遺伝子を導入して形質転換を行えば、その生物には本来存在していなかった新しい性質を付与することも可能です。

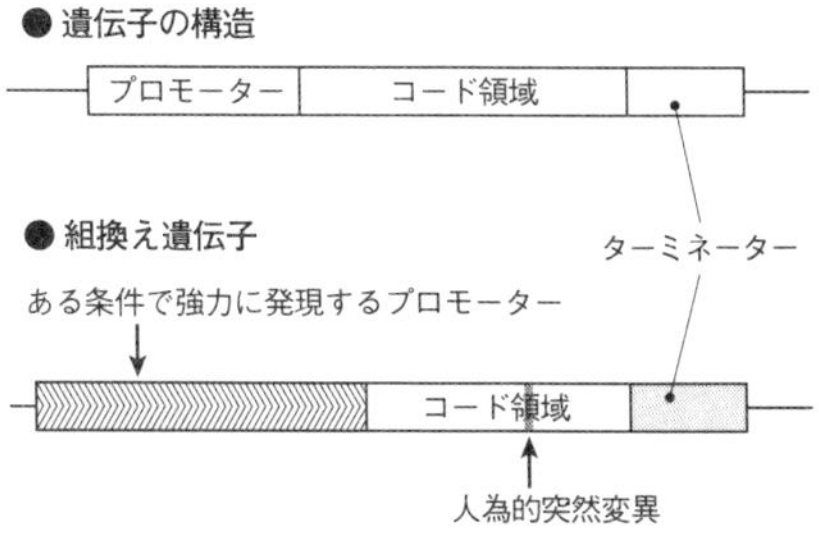

図2　組換え遺伝子は、様々なスイッチを持つ人工の有用遺伝子である

形質転換で導入される遺伝子の構造としては、天然から単離されたそのままの遺伝子を用いる他に、複数の遺伝子の一部を組み合わせた「組換え遺伝子」や、人為的に遺伝情報の一部を変化させた「変異遺伝子」などを用いることも可能です。例えば、それぞれの遺伝子の発現を調節するプロモーターと呼ばれる配列を、人為的に他の遺伝子由来のプロモーターと置き換えることで、本来のものとは発現の量やタイミングを変化させた組換え遺伝子を作り出すことができます（図2）。こうした組換え遺伝子を用いて形質転換を行うことで、キノコの本来持っている特定の遺伝子の作用を大きく変化させたり、またキノコ由来のプロモーターを用いて動物や植物などの異種生物由来の有用遺伝子を発現させることも可能となります。

●有用遺伝子のハンティング

様々な性質を持つ品種の分子育種を成功させるためには、導入される組換え遺伝子を作るための多様な素材を集めることもまた重要となります。そもそも遺伝子とは、細胞が執り行う生命活動の設計図のようなものです。言い換えると、生物が作り出す酵素や代謝物にはすべて、その生産の時期や量を決定している遺伝子が存在するということができます。このことは、もし生物がもつ多様な機能のひとつひとつを奇術師が演じる「マジック」に例えるならば、遺伝子はいわば「タネ」であるということになります（図3）。

図３　遺伝子は、生物が演じる「マジック」の「タネ」に例えることができる

したがって、キノコが持っている遺伝子を単離（クローニング）して、そこにコードされている酵素のアミノ酸配列やプロモーター配列の特徴を解析することで、キノコが持っている多種多様な作用がどのようなメカニズムで、またどんなタイミングで発現しているかを「タネあかし」することができるのです。逆に言えば、様々な「マジックのタネ」となっている遺伝子を、必要に応じて細胞に導入することで、多様な生物機能をキノコに演じさせることができるということができます。

これまでに、食用菌を含む多数のキノコから様々な遺伝子がクローニングされ、その構造が解析されてきました。それらのなかには、菌糸の栄養成長に必要な代謝系の主要酵素や、菌体外の栄養分を吸収する為の鍵となる酵素をコードしている遺伝子、交配型を決定する遺伝子、子実体の形成において重要な役割をしていると考えられる遺伝子、生理活性物質をコードしている遺伝子などが含まれています。これらの他にも、おもしろい特徴を持つ有用な遺伝子を数多く集めて、特徴に応じた使い方をしていくことが、様々な分野で組換えキノコを有効に活かしていくための鍵でもあります。

●キノコを用いたパルプの生産

私たちの身の回りでよく見られて、木材を出発材料として作り出される代表的なものに紙があります。例えば、この文章が印刷されている紙面も元をたどれば、森林により生産された木材から作られたものです。一般に紙を作るときは、まず最初に、機械的な方法や化学的処理により、木材からセルロースを中心とする多糖類によってできている繊維質を選り分けて、パルプと呼ばれる状態にします。次に、漂白を行ってシート状に漉(す)いて「紙」として用いています。このパルプ化や漂白の際に問題になるのが、木材中の難分解性ポリマーであるリグニンの存在です。リグニンは、木材細胞壁中で多糖類と複雑に絡み合っているため、パルプ化の障害となり、また着色性があるため、紙を作るためには上手に除く必要があるのです。

現在の製紙産業において主に用いられている物理的・化学的処理によるパルプ化のプロセスでは、リグニンの除去のために高い温度や膨大なエネルギーの投入を必要としています。また、塩素処理などによる漂白プロセスは、クロロホルムやダイオキシンなどの有害な塩素系廃棄物を出す恐れがあります。こうしたエネルギー消費が大きく、環境への負荷が大きいプロセスを改善するために、白色腐朽キノコを利用したバイオパルピングやバイオブリーチングとよばれる方法が研究されています。このような生物的変換によるプロセスは、反応が常温常圧下で進行するため、環境に対する負荷が小さく省エネルギー的であるという特徴があります。例えば、白色腐朽菌の中でもセリポリオプシスというキノコにより木材を前処理することにより、パルプ化のための機械的処理に必要とされるエネルギーが約半分にまで減らすことができることが知られています。この菌は、木材中のリグニンを選択的に除去する能力があるため、「選択的リグニン分解菌」と呼ばれています。セリポリオプシス菌は、木材中のセルロースを分解せずに、菌体から遠く離れたところにあるリグニンを分解するおもしろい性質を持っています。そのため、この性質を可能にしている仕組みを生化学的に解明し、人工的に再現することでパルプのブリーチングを行うための研究も行

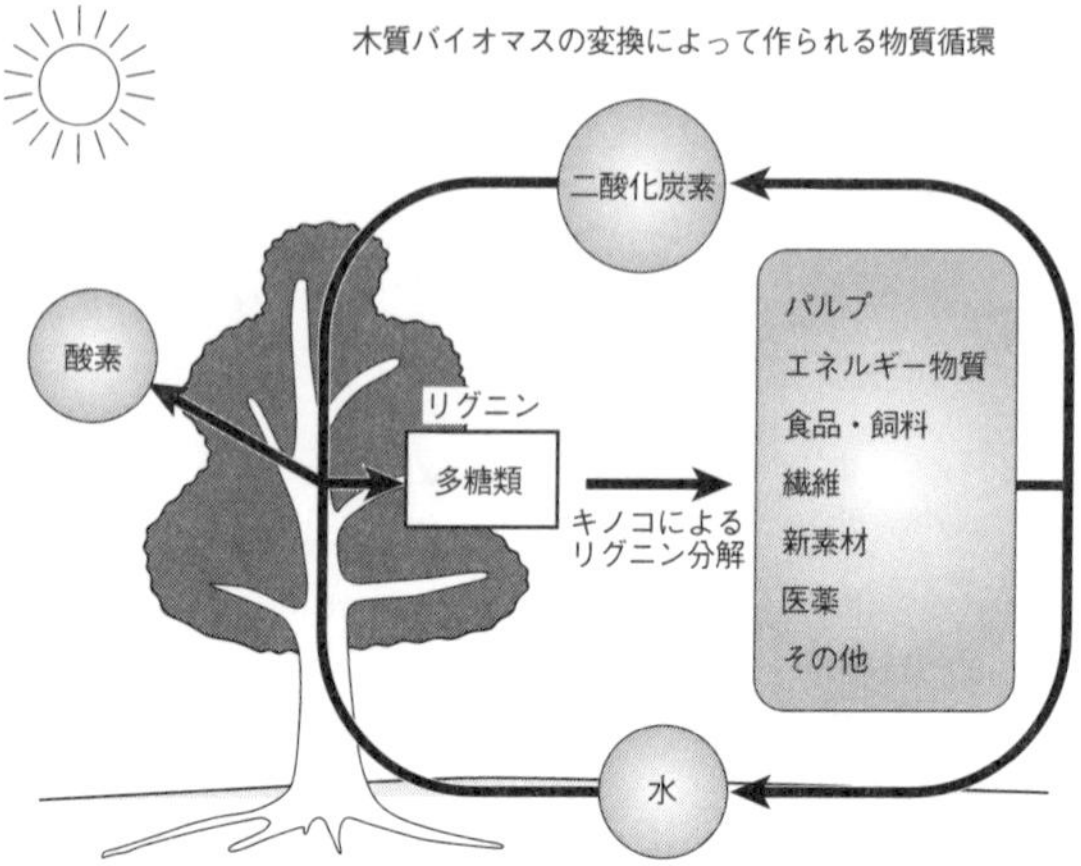

図4　キノコを用いた木質バイオマスの変換利用サイクル

われています。

●キノコを用いたバイオマスの変換

最近は植物が生産したバイオマスを、パルプの他にもエネルギーや種々の化成品として変換して利用していこうという研究が盛んになってきています(図4)。こうした背景には、石油や石炭などの化石資源への依存を改め、地球環境に優しい資源を用いて持続的な発展が可能な循環型の社会を作っていこうという考え方があります。バイオマスとは、もともと生物資源(bio)の量(mass)を表す言葉ですが、ここでは「再生可能な、生物由来の有機性資源で化石資源をのぞいたもの」と定義することができます。地球に降り注ぐ太陽エネルギーを使って、生物の光合成によって、水と二酸化炭素(CO_2)から生成したバイオマスは、私たちのライフサイクルの中で、生命と太陽エネルギーがある限り持続的に再生可能な資源であるという特徴を持っています。光合成によって地球上で生産される植物バイオマスは、毎年二、〇〇〇億トンにものぼり、これは全世界の年間エネルギー総消費量の一〇倍にあたるといわれています。このうち樹木が固定する木質バイオマスは、全体の九〇～九五%を占めます。さらに、昨今の地球温暖化問題を巡っても、バイオマス資源の持つ循環使用により二酸化炭素などの温室効果ガスを増やさないという「カーボンニュートラル」の特性から、バイオマスを積極的に利用していくことが望まれているのです。木質バイオマスを化学物質として捉え、多様な化成品の原料として利用して行くには、木材の構成成分を上手に利用していくプロセスが必要となります。そのための鍵となるのは、ここでも難分解性の高分子であるリグニンをいかに処理するかです。例えば、木材からエタノールを生産し、自動車のガソリンに添加して二酸化炭素の削減に役立てる研究では、木材中のセルロースに代表される多糖類を酵母や細菌を使って発酵させ、エタノールに変換することができます。この際、リグニンの存在が多糖類の分解・糖化の効率を下げたり、糖化液中にリグニン分解物が混入することで、発酵の阻害が起こることが知られています。この問題を解決するために、白色腐朽菌のリグニン分解系を用いることで、木材の前処理を行い、多糖類成分の発酵ステップの変換効率を高めようという研究が進められています。

●キノコを用いた環境修復

最近では、白色腐朽キノコのリグニン分解酵素系を利用して環境汚染物質として問題になっている有機化合物を分解する研究が行われてきています。それらの中には、ビスフェノールAなどの内分泌攪乱作用を持つとされる化学物質や、難分解性で毒性の極めて高い汚染物質として名高いPCB・ダイオキシン類も含まれています。そのほか、白色腐朽キノコの仲間が、イオウなどの元素を含んだ複素環式の化合物である毒ガスや爆薬の成分を分解できるという報告もあります。一般に生物の機能を使って環境を浄化・修復しようという考え方は、生物的環境修復（バイオレメディエーション）と呼ばれています。それらの中には、汚染環境から単離されたバクテリアや植物を利用したものなど、様々なものが含まれていますが、白色腐朽菌のリグニン分解系を利用した汚染物質分解システムの特徴は、他の生物では分解が困難な難分解性化合物の分解が可能なことです。すなわち構造が複雑な多環式芳香族化合物や複素環式化合物、あるいは塩基によって高度に置換された化合物など、特殊なバクテリアを用いたとしても分解が難しい毒性化合物を分解できることが知られているのです。

白色腐朽菌を用いたバイオレメディエーションの、もうひとつの特徴としては、バクテリアなどによる分解系では困難な多種多様な構造を持つ有機化合物に対して有効な点です。一般のバクテリアなどに見られる分解系は、基質特異性の高い酵素反応が順次作用することで、特定の骨格を持つ化合物を分解していくのが普通です。しかし、キノコのリグニン分解系は、複雑な構造を持つリグニンを効率よく分解するために、ラジカル反応を利用して生成する多様な有機化合物を資化するユニークなシステムなので、バクテリア等では達成が難しい複合汚染系の修復にも向いていると考えられています。

●高分子ポリマーの分解

毒性を持つ低分子化合物の他にも、使用済みのナイロンやビニールなどのポリマーの処理に白色腐朽菌を利用しようという研究も進められています。木材中の高分子ポリマーであるリグニンを分解できる性質を用いて、バクテリアや通常の酵素では分解が難しい高分子の分解を行わせようという発想です。最近の研究では、セリポリオプシス菌を用いることでゴムを分解できることが明らかになってきました（**図5**）。

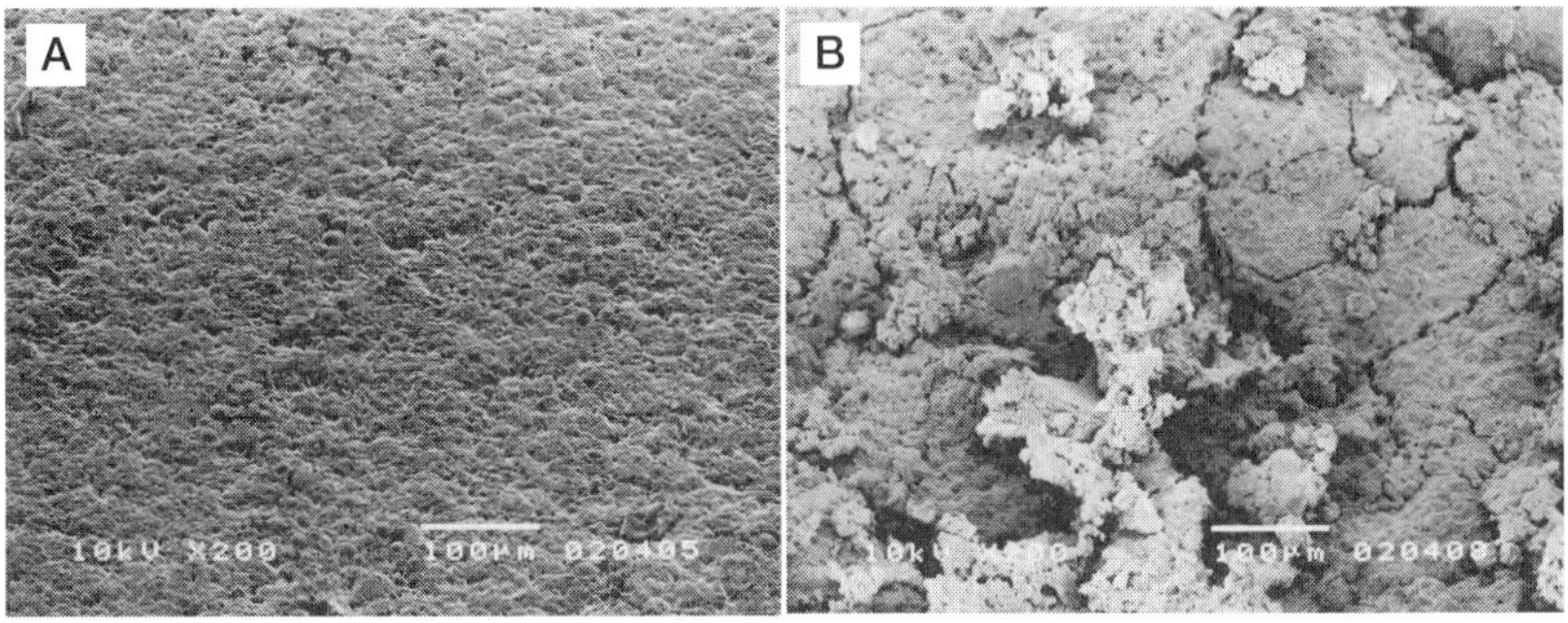

図5　セリポリオプシス菌処理による未処理の試料(A)と加硫ゴムの分解(B)

一般に、タイヤなどに広く用いられているゴムでは、主成分であるポリイソプレン鎖を架橋するためのイオウや、充填剤として炭酸カルシウムが添加されています。セリポリオプシス菌による処理では、興味深いことにゴムの中のイオウ架橋構造が切断され、また炭酸カルシウムを取り除くことができることがわかってきました。ポリイソプレン鎖に与えるダメージを最小限にとどめ、イオウや炭酸カルシウムのみを除くことができれば、使用済みのゴムを廃棄せずにもう一度再生することが可能です。セリポリオプシス菌の持つこうした性質をキノコが生産する酵素と代謝物を用いて再現し、大量に排出される使用済みのタイヤに含まれるゴムを、新しいゴムとしてリサイクルするための研究が行われています。

この他に、環境を修復するためにキノコが利用される例としては、樹木と共生関係を結ぶ菌根菌の仲間を、砂漠化した土地や荒廃地に植林をする際に木と同時に植えることによって、通常では難しい土地の緑化に役立てる例も知られています。

●組換えキノコの利用

産業や環境保護のプロセスにおいての活用が期待されるキノコですが、一般にキノコを利用したプロセスは、菌の成長や必要とされる酵素系の発現に

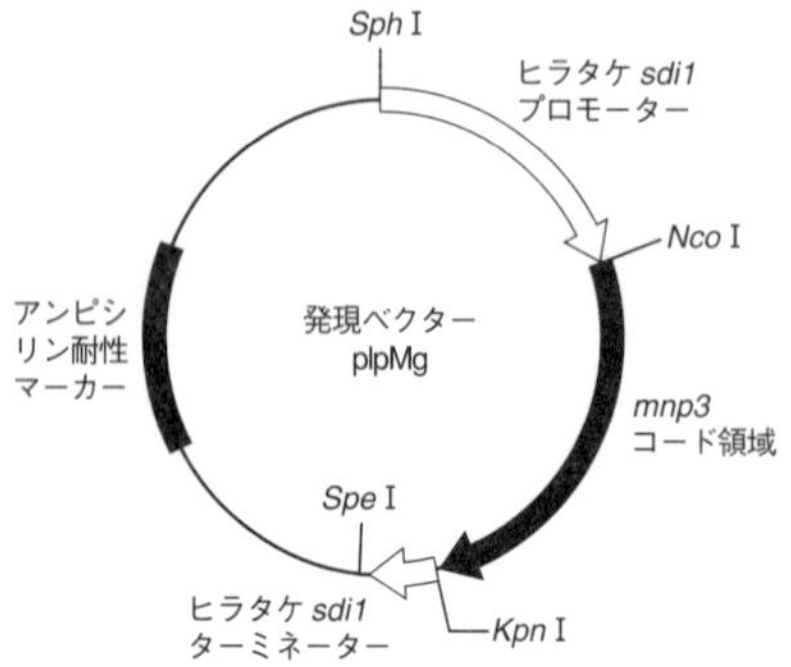

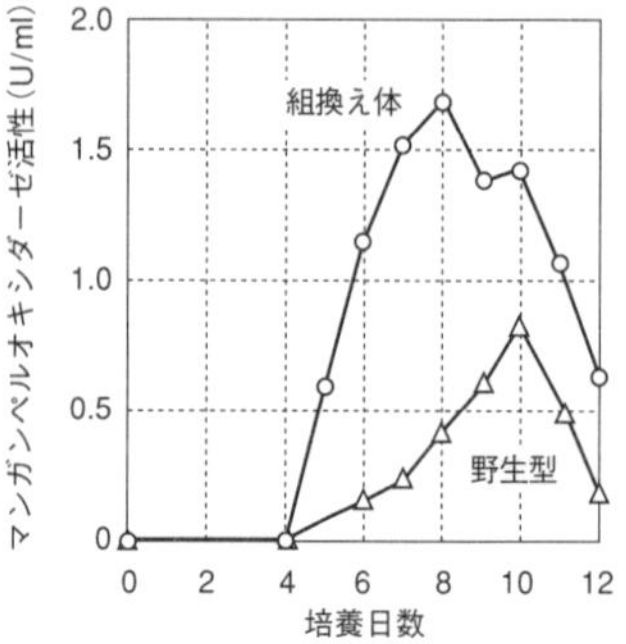

図6　遺伝子発現ベクターの構造と組換え体によるマンガンペルオキシダーゼの生産
（Irie, T. *et al.* 2001）

時間がかかることが、こうしたプロセスの産業における実用化へのネックになっています。そこで、他の生物には見られないキノコ特有の機能を、遺伝子組換え技術を用いてさらに強化してやることで、プロセスの効率化を図ることが期待されています。例えば、白色腐朽菌のリグニン分解を考えた場合、遺伝子組換え技術を用いることでリグニン分解系を構成する特定の酵素を大量に発現させることが可能になります。これまでの研究では、白色腐朽菌のリグニン分解において重要な働きをする菌体外ペルオキシダーゼは、バクテリアや酵母、麹菌などの異種発現系では十分に発現することが難しいことが報告されています。こうした他の生物では生産することが難しい、特有な酵素もキノコ自身の分子育種によって高発現されることが期待されます。また、このようにして遺伝子組換えによってリグニン分解系を強化した組換え生物自体を、生体触媒として種々の産業プロセスに利用することができるのです。

筆者らの研究室では、これまでに白色腐朽菌ヒラタケにおける形質転換系と組換え遺伝子発現系を開発し、リグニン分解の初発反応を起こすと考えられるマンガンペルオキシダーゼという酵素の高生産株の育種を行ってきました（**図6**）。今後様々な組換え遺伝子を導入した菌体を利用してリグニン分解系の律速段階について解明したり、酵素の構造機能相関や複雑な発現制御系をコントロールするメカニズムの解明が行われていくことが期待されます。また、同様な手法を用いることで、セリポリオプシス菌が選択的にリグニンを分解するしくみを遺伝子レベルで解明して、産業プロセスにより適した株を作り出すための研究が行われています。キノコを用いた有機汚染物質の分解系についても、遺伝子工学的手法を用いて分解活性を強化したり、分解系の発現の時期を早めてやることで、天然から単離された菌を用いては達成することが難しい、より効率的な環境修復システムを作ることが期待されます。

●食用キノコと組換え技術

キノコ類のもつ有用な遺伝資源の活用を進めていく際、遺伝子組換えを用いた育種法には大きな期待があります。食用キノコを例に取ると、より生産性が高く、味や形の良いキノコを作りだしたり、栽培中の病害への抵抗性を強化する事が可能になるでしょう。また、出荷後の品質の劣化を防ぐ為の品種開発も進められています。この研究では、現在までにシイタケやマッシュルームで子実体の褐変に関与すると考えられる遺伝子が見つかり、その性質が調べられています。また、ヨーロッパなどでは農作業中に栽培株の胞子に起因するアレルギーの害が問題となることがあります。このような人体への害を軽減する為に、胞子を作らない株の開発を目指した研究が開始されています。今後、交配型や菌糸成長、子実体発生に関わる遺伝子のクローニングと解析がさらに進むことによって、より多様で実用的な組換え体を開発することができるようになってくるでしょう。また、現在では栽培の難しい菌根菌の仲間の大量生産も可能になるかも知れません。しかし、直接食用とすることを目的としたキノコの育種においては、遺伝子組換え作物の安全性と環境への影響について社会的なコンセンサスが得られることも、解決すべき重要なポイントとなります。

●有用物質の生産

直接食用として利用する他にも、生理活性作用や薬理効果をもつキノコの成分を、組換え遺伝子技術を用いることによって、大量に安価に生産して利用することも期待されます。例えば、乾シイタケなどに含まれて旨味を醸し出す成分である5'ーグアニル酸や、マツタケの独特の香りを持つ成分であるマツタケオールなどを大量に作り出せるようにすることが考えられます。また、キノコの仲間には古来より、和漢薬として用いられてきたばかりでなく、免疫賦活《ふかつ》作用物質に代表される多様な生理活性物質を生産するものがあることが知られています。これらの有用物質の合成を制御している遺伝子を単離して、構造を解析すると共に、プロモーター配列を付け替えるなどの組換え操作を行った後、形質転換操作によってもとの生物内に戻してやることで、その遺伝子が発現する量やその時期を自在にコントロールして有用物質の生産能を高度に高めた株を育種することができるようになります。このようにして作り出された組換えキノコを大型の培養器を用いて成育させ、菌糸体から有用成分の抽出・精製を行うことによって付加価値の高い製品を工業的に生産することも可能となるでしょう。この場合、単一や少数の遺伝子の働きによって生産される生理活性物質であれば、本来のキノコとは別の、より生産性の高いキノコを宿主として大量に生産することも期待できます。さらには、本来キノコの仲間以外の他の生物(例えばヒトや植物)が生産している様々な有用物質を、大量に作り出すことができるキノコの開発も夢ではないでしょう。

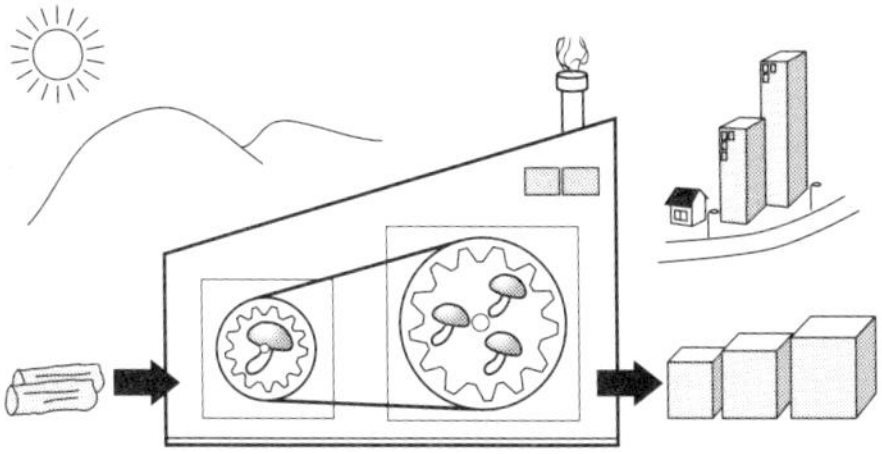

図7　産業用微生物としてのキノコの研究は始まったばかり

●産業用微生物としてのキノコ

遺伝子組換えによって育種されたキノコは、今後様々な工業プロセスにおける生体触媒として活用されていくことが期待されます。とりわけ木質系バイオマスの変換では、キノコを用いたプロセスがもっている低エネルギーでエコフレンドリーな特徴を活かすため、実用化に向けて、物理的あるいは化学的な処理法との融合を含めたより効率的なプロセスの開発が必要とされるでしょう。また、環境汚染物質の処理においては、閉鎖系における効率的分解プロセスの確立が必要となるかも知れません。一方で、分子レベルで解明されたキノコの特殊な能力を化学的に模倣(バイオミメティック)することで、生体触媒を用いた場合には達成できないような、効率のよいプロセスを開発することも有効だと考えられます。キノコの仲間を産業用微生物として用いていくための研究は、まだ始まったばかりといえます(図7)。産業プロセスにおけるキノコの利用を様々な分野に広げていくためには、キノコの基礎科学について十分な理解を深め、有用遺伝子のクローニングや組換え遺伝子発現系の改良において、さらに努力を積み重ねていくことが必要となるでしょう。キノコの不思議に興味を持ち、研究をする人たちがますます増えて、基礎ならびに応用の研究が進展することで、生物界では一般に「分解者」として炭素の循環に寄与しているキノコが、地球に優しい未来型の資源であるバイオマスの循環利用や汚染環境の修復にも、大きな力を発揮することを願ってやみません。

【参考文献・図書】

桑原正章編『もくざいと環境　エコマテリアルへの招待』海青社、一九九四年
佐藤　伸、渡辺隆司『白色腐朽菌およびバイオミメティックラジカル反応による加硫および未加硫ゴムの分解』ECO INDUSTRY 一一号、二五〜三〇頁、二〇〇二年
宍戸和夫編『キノコとカビの基礎科学とバイオ技術』アイピーシー、二〇〇二年
檜垣宮都編『キノコを科学する』地人書館、二〇〇一年
木質科学研究所木悠会編『木材なんでも小事典』講談社ブルーバックス、二〇〇一年
湯川英明編著『バイオマス　究極の代替エネルギー』化学工業日報社、二〇〇一年
横山伸也著『バイオエネルギー最前線』森北出版、二〇〇一年
Irie, T. and Honda, Y. *et al.* "Homologous expression of recombinant manganese peroxidase genes in ligninolytic fungus *Pleurotus ostreatus*", Appl. Microbiol. Biotechnol. 55, 566–570 (2001)

キノコのゲノム研究

ゲノムというのは、ある生物が持つすべての遺伝子のセットのことをいい、その生物が一生をすごす上で必要となるあらゆる情報が書き込まれています。近年、ヒトをはじめとして、さまざまな生物におけるゲノムの全遺伝情報の解析が行われてきました。キノコの仲間でも、アメリカ合衆国エネルギー省の主導のもとで、2002年5月に初めてファネロケーテ・クリソスポリウムという白色腐朽菌のゲノムの大まかな解析結果が公開され、世界中の科学者が利用できるようになりました。エネルギー省がこのキノコのゲノム解析を行った理由は、木質バイオマスからのエタノールなどのエネルギー物質の生産や繊維の漂白、有機汚染物質の分解等に、キノコのリグニン分解系を用いることが有望であると考えられるからです。次いで2003年7月には、マサチューセッツ工科大学によって、モデル生物としてよく用いられているヒトヨタケの解析結果が公開されました。これからは、キノコの研究においてもゲノム解析によってもたらされたさまざまな情報や実験手法の利用が可能となってくるでしょう。

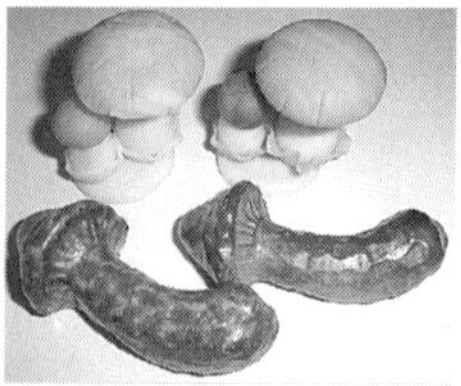

第四章　キノコと健康

第一節　健康食品や和漢薬としてのキノコ

●機能性食品としてキノコが注目されるのはなぜ

超高齢化社会への移行から「循環」「代謝」「排泄」および「免疫」などの機能低下による疾患の増加が指摘されています。さらに、高齢者の「からだ」の機能低下は、化学合成薬品の服用による予期しない重篤な副作用の発現を招くこともあり、医療費の高騰などとともにその対策が急務となっています。新しい健康問題に対応して省庁改変前に文部省・厚生省・農林水産省の三省では、食習慣や運動習慣といった「生活習慣」が疾病の発症と進行に深く関わっているとし、生活習慣の改善を進める「食生活指針」を閣議決定しました。

このような背景から、最近、食品や食品成分中の生体調節物質が注目されています。生体調節に関与する機能性食品（栄養補助食品）は、健康維持に重要な役割を果たすばかりでなく、疾病の治療にも有効といった多くの情報によって副作用のない食品が注目されています。**図1**に示したように疾患の予防のための対処法として食品（キノコ類）や栄養素の正しい摂取法は、他の医療処置と同様に国内はもとより欧米諸国に

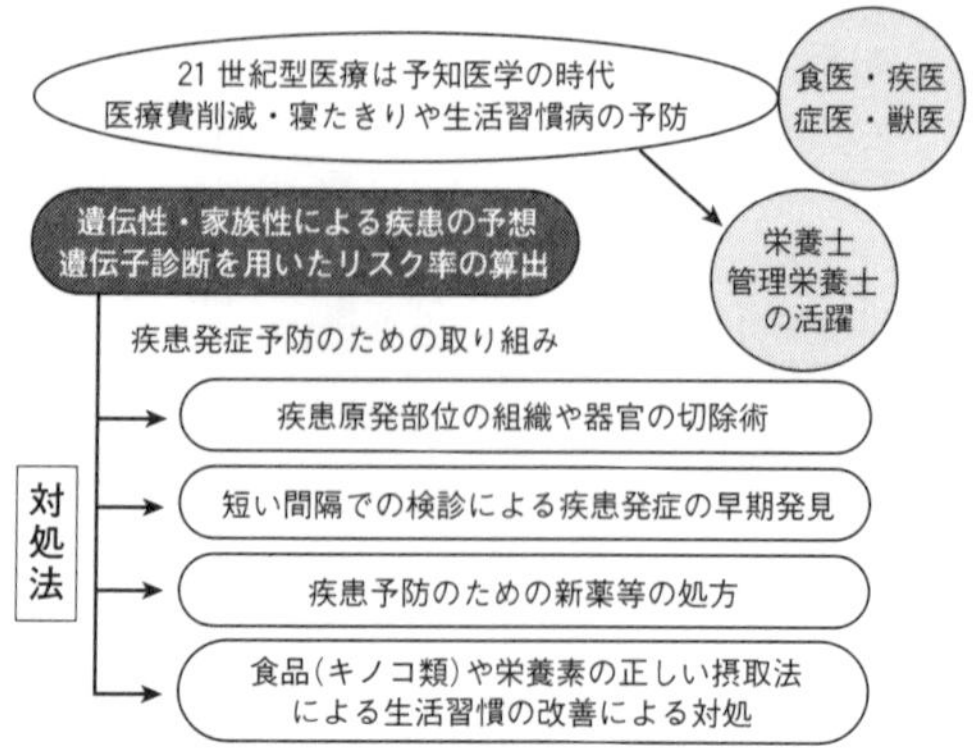

図１　疾患予防のための対処法としてのキノコ類等の位置付け（江口文陽 2003）

おいても注目を集めています。

日本人は元来、天然物（植物・動物・微生物などの生物資源）を食することによって健康を維持するといったことには馴染深いといえるでしょう。特に古くからキノコ類を食した経験をもち、近年のダイエット食のブームと相まって低カロリー食材としてもクローズアップされるとともに、悪性新生物（ガン）の外科的切除術の後などに免疫賦活《ふかつ》剤としてキノコを原材料とする医薬品（シイタケからレンチナン、スエヒロタケからシゾフィラン、カワラタケからクレスチン）が処方されていることや漢方薬や民間薬としても認知されるキノコの種類があることから天然物の中でも殊にキノコは健康の維持や回復を目的として健康志向の人にはその利用がブームになっているようです。

●和漢薬および民間療法薬としてのキノコ

漢方薬として処方に配合されるキノコは、サルノコシカケ科のブクリョウとチョレイマイタケです。前者は利尿薬、尿路疾患用薬、精神神経用薬、鎮痛薬、健胃消化薬、鎮吐薬、保健強壮薬として、後者は利尿薬として処方されます。基本的にはこれらのキノコは、単独で使用されることはなく他の漢方薬とともに配合して使用されます。これ

図2　漢方処方で利用されるキノコ(左: ブクリョウ、右: チョレイマイタケ)

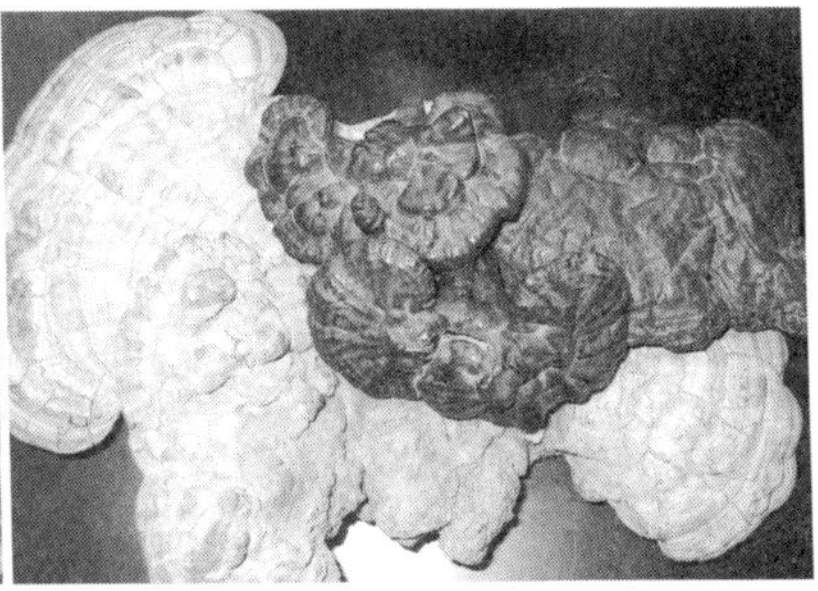

図3　古梅霊芝(マンネンタケ)

図4　培養瓶で栽培されるマンネンタケ

ら二つのキノコはサルノコシカケ科のキノコの特徴でもありますが、硬質の子実体であることから漢方処方で熱水抽出しやすいように**図2**のように数ミリに破砕され利用されます。

　民間療法薬として中国ではマンネンタケ（霊《れい》芝《し》）が強壮、鎮静薬として神経衰弱症、不眠症、消化不良、気管支炎などの慢性病に応用されるとともに臨床研究が盛んになっています。特に**図3**のチョコレート色をした古木の梅に発生した「古梅《こばい》霊芝」は珍重され高値で売買される傾向にあります。日本でも健康食品としての扱いですが、高血圧症などの生活習慣病の予防や治療をはじめ、抗ガン薬としての用途開発の研究が開始されつつあり、**図4**のように培養瓶での人工栽培が容易にできるようになり「古梅霊芝」とほぼ類似した成分組成を有する子実体が生産可能になりました。その他のキノコとしては、シロキクラゲやマイタケも民間療法薬として中国や日本において認知されています。

医療科学的な研究が積み重ねられることにより、少しずつではありますがキノコ類はその機能性が明らかになってきています。

●医療におけるキノコの利用と真の情報

漢方薬や東洋医学を否定的に考えていた西洋医学中心の医師の中にも、近年、代替・相補・伝統医療の良い面を積極的に取り入れようとする動きが見られます。例えばガンの処置などにおいて、外科的治療の前後や化学療法・放射線療法・ホルモン療法などの治療と並行して生薬や民間薬として利用してきたキノコ類を疾病の治療に取り入れることも多くなってきているということです。しかしながら、雑誌や商用本で話題となって流通される機能性キノコの利用に関しては、今もなお賛否両論の域を抜け出せない状況が根強く残っていることも事実です。なぜならば、医学的に認められる本格的な基礎医科学の研究が行われたキノコの種類と菌株はわずかであり、多くの場合は体験談のみの報告が散見される情報に過ぎないからです。医師や科学者および真実を追求する目を備えた消費者は、治療効果の判断に肝心な飲用者の病歴、医師による処置(手術や薬物の併用投与の有無)、そのキノコの飲用量と期間、疾病の改善を評価した臨床医学に基づく検査値(血液検査結果や画像診断結果)がキノコを評価するための重要な情報であると認識しています。雑誌やバイブル本で紹介される飲用者の体験談などの多くは、「神がかり的」な効果、例えば『鰯の頭も信心』や全く効果のない「ダミー」の物質(例えば小麦粉など)を投与することでも効果の見られるプラシーボ（偽薬）効果とも思われる記載も散見されます。このような体験談などの情報が報道され続けることは、キノコの真の効能追求に悪影響を及ぼすとともに人類の健康増進における新世紀の医療の発展にも問題が生じるため多くの人々が機能性に関する真の評価方法を見極める知識を習得することが不可欠であると考えます。

超高齢化社会における代替医療および西洋医学と東洋医学の統合医療において、機能性キノコを多くの医師が積極的に活用できるようにするには、キノコの種類（品種・菌株）、栽培方式、製品化手法を明確にし、薬効薬理学的な評価系による試験管内試験、動物実験、臨床試験の結果を集積し科学的に確認することが不可欠です。特に、機能性キノコを正確に評価するためには、ヒトの試験よりも動物試験で得られた成績を重視することがキノコの信頼性を高めるためめることとなります。すなわち、『名医は言葉で治療をする』ようにヒトは「医師への絶対的信頼」を心に抱いた時には疾病の程度が軽減されることがあるからです。この現象は、血中のナチュラルキラー（ＮＫ）という免疫担当細胞の活性が上昇することからも確認されています。したがって、機能性キノコの効果を判断するには、最初のステップとしてプラシーボ効果のないヒトの疾病と同等のモデル動物（図５）を使用し、用量用法などを科学的に解析することが必要なのです。

図５　薬効薬理学的な評価に不可欠な疾患モデル動物

●キノコは疾病の予防と治療に貢献できるのか

キノコを日常的に食することは、栄養（一次機能）、感覚（二次機能）、生体調節（三次機能）のいずれをとっても、ヒトへの貢献度は高いものと考えます。したがって、「キノコは疾病の予防と治療に貢献するのか」と聞かれれば、それは「ＹＥＳ！」と私は答えるでしょう。次に、「どのキノコも同じように効果を持つのか」と聞かれれば、それは「ＮＯ！」なのです。すなわち、キノコは天然物であるが故に、効能が認められた種類のキノコであっても、前項でも示したように菌株（系統・品種）や生産方法（培地組成や環境など）が異なれば同一の食効や薬効が得られるかは不明だからです。このことは、同じ種類の栽培キノコであっても産地、生産方法および生産者が異なれば味や形が異なるといった事実からも理解できるでしょう。

さらに、多くのキノコの効能は多岐にわたり、生理活性成分を単一のものとして議論することは困難です。そこで重要なことは、キノコは微生物であり、キノコならではの生活環をもって生育している点なのです。長期的に安定した薬効を得るためには、キノコの生活環を無視した菌糸体の連続培養は結局菌糸体そのものに劣化を招き、生理活性成分が「異なった成分」となり、薬理効果も信用できないものとなってしまうのです。実際、キノコの生活環を無視した液体培地による菌糸体の連続培養によって得た生理活性物質には、成分に大きな変化が生じることが確認されています。

以上のことから、安定的に生理活性を有する成分をキノコから摂取するためには、微生物であるキノコの生活環を熟知し、薬理効果の発現に適した栽培方法で薬効を示した優良株を利用することが、普遍的な活性成分の提供とともに疾病の予防と治療に大いに貢献するものと考えます。

●キノコの薬効成分は何か

キノコの薬効成分は、一般的にβ《ベータ》―グルカンが主要なものであると思われがちです。その理由としては、一九八一年以来日本人の死因の第一位はガンとなっていますが、抗腫瘍作用のある物質をキノコの抽出物から見出した研究が展開され、マウスを用いた実験から生体の免疫機能を高めて間接的に抗腫瘍作用を発揮した主要成分がβ―(1，3)グルカンの基本構造であったことによるからです。したがって、薬理効果があると考えられるキノコの抽出物やキノコの子実体(可食部)を販売する健康食品会社などは、「β―グルカン含量の高い……」などといったうたい文句で販売します。しかしながらこの言葉は、表記しているその仕方の多くは科学的でないことが多いのです。なぜならば、その製品がどの種類のどの菌株のキノコに対して多かったのかという基準が曖昧なまま、β―グルカン含有量の多少を議論しているからです。例えば、「アガリクス茸の何倍」と表記して差別化しようとしている商品がありますが、著者がこれまでに酵素法で分析した遺伝的に性質の異なる四系統一八種類のアガリクス茸(ヒメマツタケ)の中でも、β―グルカン含量は最高と最低の含有量の差は約九倍量に相当するものでした。したがって、どのアガリクス茸を基準に比較したのかを論じなければ比較対照にはならないということなのです。さらに、β―グルカン含有量の高いアガリクス茸とうたって販売されている製品とともに他の任意の四製品(アガリクス茸)を購入し、酵素法を用いて分析したところ、β―グルカン含有量の高いはずの製品は、低い方から二番めであり、その製品表示に疑問を抱いた経験があるのも事実です。現在健康食品業界において、キノコを含む食品でのβ―グルカン量の定量には酵素法を用いることが多いのですが、この方法では化学構造的分類に基づくβ―D

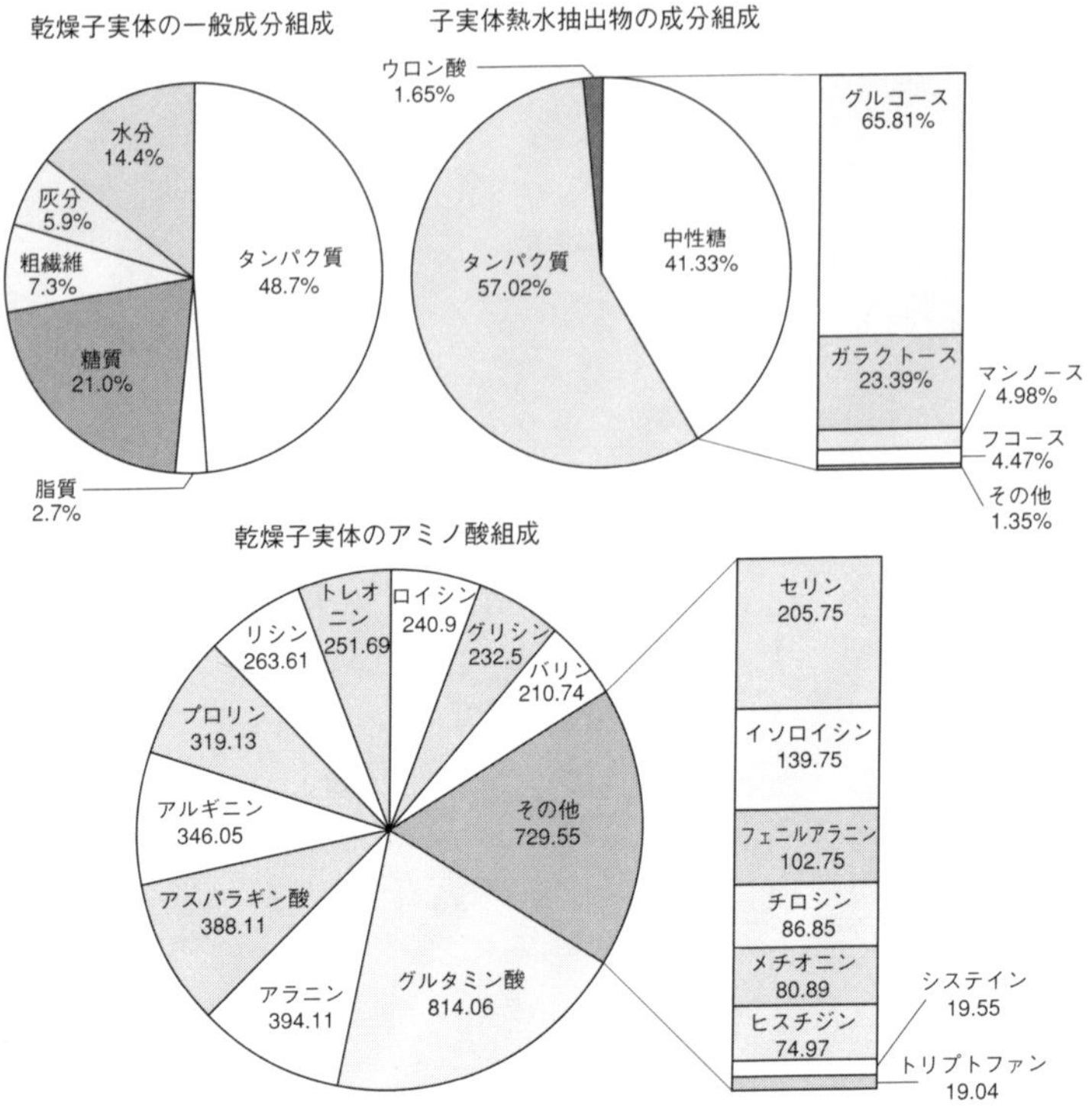

図6　ヒメマツタケ CJ-01の構成成分（桧垣宮都 1997を改変）

—グルカンを測定しています。多くの報道や市販の製品カタログに記載されている免疫賦活作用があるといわれている(1，3)(1，6)—β—D—グルカンそのものの定量ではなく、セルロースやヘテログルカンといったキノコなどの天然物に多く含まれるグルカン類を広く定量しているに過ぎず、定量値=薬効の高さとはならないのです。

なお、多くのキノコの抽出物中には、β—D—グルカンの他にもガラクトース、マンノース、キシロース、フコースなどやα(1—4)およびα(1—6)グルコシド結合をしたプルラン構造の多糖類、さらには多糖類と結合したタンパ

図7　ヒメマツタケ CJ-01株の栽培

ク質なども多量に存在しています。キノコの成分にはどんなものがあるのかをヒメマツタケを例に図6に示します。

著者の最新の試験におけるヒメマツタケ（図7）、ハタケシメジ、バイリング、ヤマブシタケ、エリンギ、ブラウン系エノキタケを材料とした抗変異源性や抗炎症の試験においては、（1，3）（1，6）－β－D－グルカンを初めとした前述の多糖類単体に比べて、糖とタンパク質が混合した組成物（粗抽出物）の方が統計的に有意な差を持って活性が高いことが確認されました。キノコによる疾病の改善効果の機序成分は、キノコの持つ複合物質が細胞のマトリックスに作用しているものと推察しています。

【参考文献・図書】

江口文陽・渡辺泰雄・菊川忠裕・吉本博明・安倍千之・桧垣宮都『DOCA-NaCl 左腎摘出ラットを用いたヒメマツタケ子実体熱水抽出物質の腎機能不全改善作用』和漢医薬学雑誌、一六巻、二一四～二二一頁、一九九九a年
江口文陽・檜垣宮都・渡辺泰雄『生命と環境の科学』地人書館、一九九九b年
江口文陽・渡辺泰雄『キノコを科学する――シイタケからアガリクス・ブラ

ゼイまで』地人書館、二〇〇一年
江口文陽・尾形圭子・須藤賢一『生活環境論』地人書館、二〇〇三年
菊川忠裕・江口文陽・安倍千之・吉本博明・桧垣宮都『新規抗炎症物質：二系の関節炎 モデルマウスに対する *Agaricus blazei* Murr. (CJ-01) の影響』炎症、一九巻、二六一〜二六七頁、一九九九年
桧垣宮都・江口文陽・渡辺泰雄・薬理活性を有するヒメマツタケの安定栽培法と効能、日薬理誌、一一〇巻、九八〜一〇三頁、一九九七年

キノコで紙おむつの分解

いまキノコは、食用や薬用としての活用以外にダイオキシン類などの環境汚染物質を分解し、環境を浄化することにも役立っています。キノコ類が生産する酵素は、ベンゼン環を持った木材成分のリグニンを分解することにヒントを得て研究が開始されたのです。

さらに、高齢化社会の今日、廃棄物として大きな問題となっているものは、感染性処理困難廃棄物に分類される「紙おむつ」なのです。この紙おむつは、紙ならぬポリマーを素材として作られていますが、このポリマーの分解にキノコが役立っています。水気を吸った紙おむつを焼却炉に大量に入れると燃焼温度が急激に低下し、ダイオキシンなどが発生するので燃焼前にポリマーを分解させ、吸着シートに吸い取った水を取り除いて「紙おむつ」を燃焼処理するのです。さらにキノコの持つ成分には、ある感染性微生物の増殖を抑制することも一連の研究から確認されており、実用化を目指して感染防止と感染性処理困難物質の水処理の問題解決へ向けた研究が展開中です。

第二節　キノコの各種疾患への効果

●高血圧症改善

循環系疾患の中でも高血圧症は肥満や運動不足から増加する傾向にあります。遺伝的要素と日常生活上の不摂生以外に高血圧の原因が見つからない場合は、本態性高血圧症と診断されます。このタイプの高血圧症は、一般的に中年以降に発症することが多く糖尿病、耐糖能障害および高脂血症などを伴いやすいことが多いのです。高血圧疾患に対する治療法としては、Ca拮抗薬、β受容体作動薬、アンギオテンシン転換酵素阻害薬を用いる治療が効果的です。しかしながら、これらの薬物による長期治療での副作用の発現は患者にとって治療を拒否する原因となっています。また、軽度高血圧症では食事療法や運動療法が主流となっていますが、いずれも継続が困難な場合が多いのが現況です。このため副作用を生じる可能性が低い自然食品や機能性食品に対する関心が高まっています。

まず初めに、血液細胞や免疫能の動態に関する培養細胞レベルでの試験から有用性が確認された、群馬県が種菌開発および品種登録したハタケシメジGLD株(**図1**)を加工した製品の投与方法(用法、用量)を変えて、本態性高血圧症のモデル動物(SHR)に対する降圧作用を検討した成果について紹介します。実験は、日本チャールスリバー社より購入した七週齢の

図1　群馬県が種苗登録したハタケシメジ(GLD株)

雄性SHRおよび雄性WKY(SHRの起源種で高血圧症の疾患でない動物)を、室温二三±二℃、湿度六〇±一〇%に調節された飼育室において白色蛍光灯下で一日一二時間(七時~一九時明期)の光調節を行った環境で飼育し、キノコ投与に関する用法、用量を変えて行いました。具体的には、MF粉末(オリエンタル酵母製)とハタケシメジ原粉末一、三、五%を混合した飼料、原粉末五、一〇、一五グラムを六〇〇ミリリットルの熱水に入れ二時間抽出した抽出液、GLDXハタケシメジ(ブライトンカンパニー社およびマッシュ・テック社製)三、六、九グラム(賦形剤を除く質量をハタケシメジの純抽出物量として)を六〇〇ミリリットルの滅菌水に溶解した抽出液としました(なお、抽出液はヒト体重六〇キログラムにおける用量をラットの体重に換算しました)。抽出液はすべて経口投与で毎日午前一〇時より施用し、抽出液飲用後は滅菌水を自由摂取としました。投与期間は一二週間です。なお、作用機序と安全性評価のため、WKYにも、ハタケシメジを投与するものを設定しました。各群(全一二群)の動物頭数は五匹としました。実験最終日の前日から全ラットを絶食させ、左心室から二〇G採血針で可能な限り採血を行いました。生化学、内分泌関連項目について血液検査し、得られた成績は、群間比較を統計で解析し、一%の危険率を持って有意な差があると判定しました。

その結果SHRは、WKYと比較して血圧値は顕著に高かったのですが、SHR間での血圧値は、ハタケシメジ無投与群と比較して投与群は血圧の降下が確認されました。血圧の上昇抑制効果は、用量が多い群ほどいずれの用法においても高い結果となりました。また、元々正常血圧であるWKYにおいては、血圧の降下(異常)は確認されませんでした。このことからハタケシメジは、従来の高血圧治療薬のように単

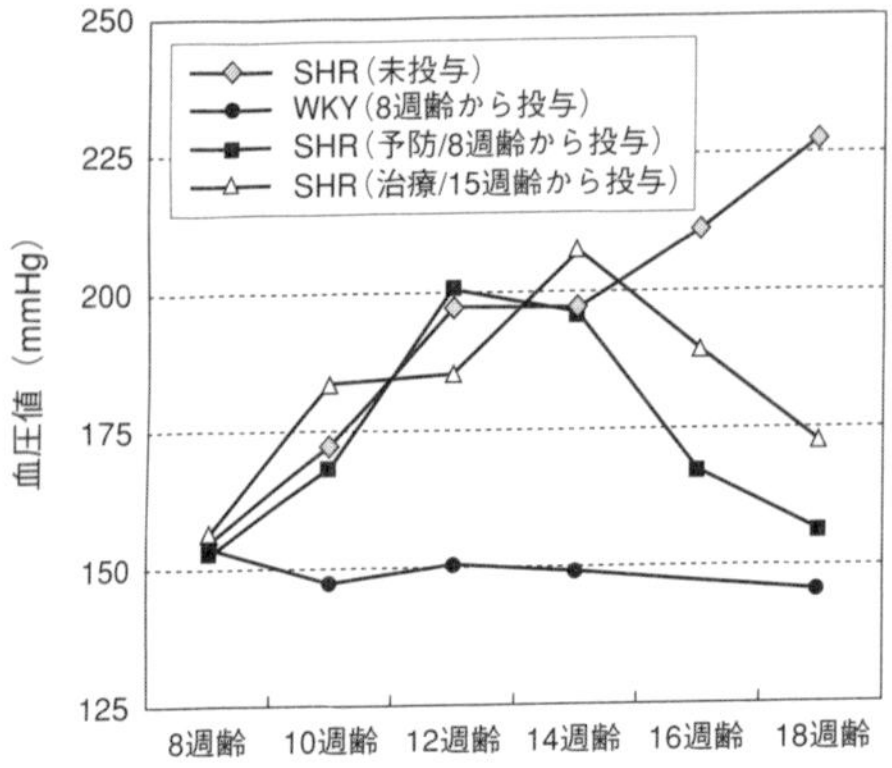

自然発症高血圧ラット（SHR）

Wistar系大黒ネズミから血圧が高くなるネズミだけを掛けあわせて京都大学で作成された遺伝性の高血圧ラット

Spontaneously（自然に発症する）
Hypertensive（高血圧）
Rat（ネズミ）

SHRの血圧は生後8週齢から上昇し始める。対照とする正常血圧の動物は同系統のWistar系ラット（WKY）を使用。

図2　ヒメマツタケ（CJ-01株）の予防及び治療効果〔降圧効果〕（江口文陽 1999を改変）

に血圧を下げるのではなく血圧を正常値に近づける効果があり、安全に高血圧症の予防などに服用できるものと考えています。血液検査の結果、ＳＨＲはＷＫＹと比較してＡ／Ｇ比、尿素態窒素、尿酸、中性脂肪の値が高く、総コレステロール、ＨＤＬコレステロール、β－リポタンパク、白血球数が低いことが特徴的ですが、この検査項目値がハタケシメジを投与したＳＨＲでは、著明に改善されていることが確認されました。

次にヒメマツタケ（ＣＪ－01）では、自然発症高血圧ラット（ＳＨＲ）の「血圧上昇期」と「高血圧期」に乾燥子実体熱水抽出液を連続的に服用させた時の降圧効果を検索しました。ＳＨＲの血圧は生後七週後までは正常なラットとほぼ同じですが、その後血圧は上昇し始め、生後一五～一六週には二〇〇mmHgを超えて完全な高血圧期となります。この「血圧上昇期」にあたる生後八週のラットと「高血圧期」にあたる生後一五週のラットにＣＪ－01抽出液を九グラム／六〇キログラム／六〇〇ミリリットル／日の用量で投与しました。その結果、**図2**に示したように「血圧上昇期」あるいは「高血圧期」のいずれのステージからＣＪ－01を服用させても降圧効果の

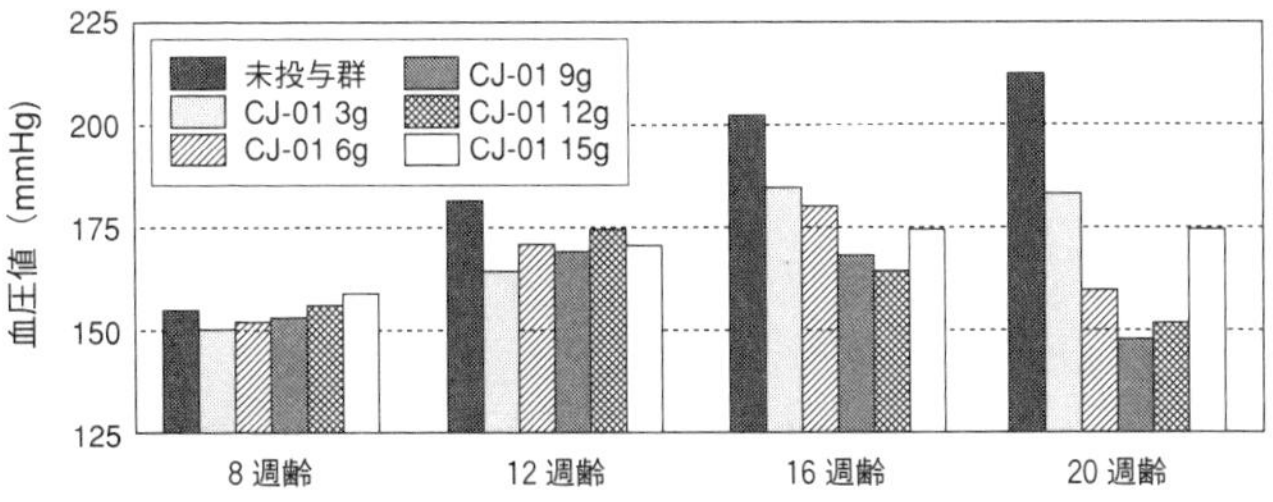

投与方法：3・6・9・12・15 g / 600 ml・60 kg・dayを SHR の体重に換算して経口投与血圧が上昇を開始する、生後 8 週齢から投与を開始

結　　果：投与 8 週間（16週齢）〜12週間（20週齢）にかけて、投与量による顕著な降圧効果の差が見られるようになった。1 日あたり9〜10 g / 60 kg が最も効果的であった

図 3　ヒメマツタケ（CJ-01株）における降圧降下に対する用量依存性（江口文陽 1999 を改変）

有効性が認められました。このことから、ＣＪ─01は本態性高血圧症の予防のみならず治療に期待できることが科学的に実証されました。さらに正常血圧値のラットであるＷＫＹに同じ用量のＣＪ─01を生後八週から投与したところ血圧値の低下は**図2**のようにハタケシメジと同様に認められませんでした。

さらに、ヒメマツタケＣＪ─01の降圧効果と用量との関係を明らかにすることを目的として投与用量を変化させての実験を行いました。その結果**図3**に示したように、三〜一二グラムまでの濃度では高濃度において降圧効果が高かったのですが、一五グラムの場合では低濃度の三グラムと同じ程度の降圧効果しか得られませんでした。すなわち、ＣＪ─01の降圧効果は、用量を多くしすぎると逆に効果が薄れる逆釣り鐘状の用量依存性を呈したということです。これらの結果は、ＣＪ─01が薬物と同様な生理作用を持つことを示唆するものです。この現象は他のキノコ類においても著者らの研究において観察されています。これらのことからも、疾患予防や治療を目的としてキノコを利用するためには、用量依存性試験において菌株や製品ごとの効果の用量を把握することも真の効果を確認するための基礎になると確信しています。

図4　バイリングの栽培

●高脂血症改善

高脂血症は、自覚症状がないことから、「高ストレス」の生活習慣を継続させ、動脈硬化の促進によって心筋梗塞などの虚血性心疾患や脳梗塞などの脳血管障害を発症する原因ともなります。ここでは、近年品種・栽培法が確立された**図4**に示したバイリング(*Pleurotus*《プレウロタス》 *nebrodensis*《ネブロデンシス》)で確認された高脂血症の改善効果を紹介します。遺伝的に多食で高脂血症を発症するヒト高脂血症と類似したZuckerラットを使用してバイリングが血清脂質系の検査項目に与える影響、肝組織への脂肪沈着抑制効果を観察しました。

すなわち、日本チャールスリバー㈱より購入した雄性の肥満・高脂血症モデルのズッカーファッティラット及び非肥満のズッカーリーンラット(共に五週齢)を室温二三±一℃、湿度六〇±一〇%に調節された飼育室において白色蛍光灯下で一日一二時間(七時~一九時明期)の光調節を行った環境で飼育しました。投与は三六、九、一二グラムの乾燥粉末子実体を六〇〇ミリリットルの熱水(八〇℃、一二時間)で抽出したものです(なお、抽出液はヒト体重六〇キログラムにおける用量をラットの体重に換算しました)。抽出液はすべて経口投与で毎日午前一〇時より施用し、抽出液飲用後は滅菌水を自由摂取させました。投与期間は一〇週間とし、各群の動物頭数は五匹としました。飼育期間中、経時的に体重や全身状態を観察しました。実験最終日の前日から全ラットを絶食させ、左心室から二〇G採血針で可能な限り採血し生化学と血液学

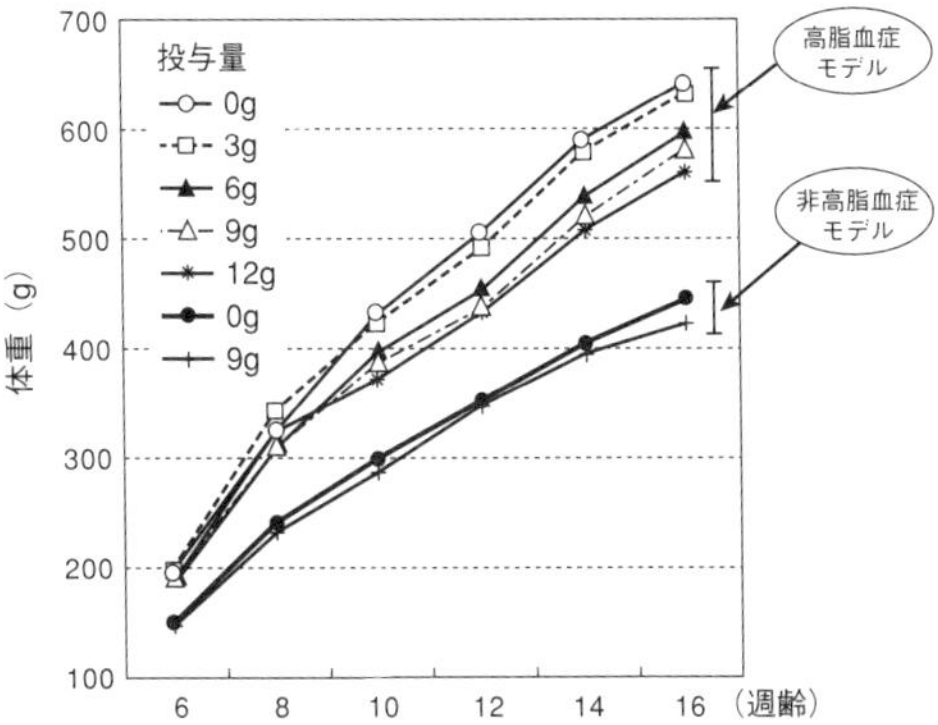

図５　バイリングの熱水抽出物の投与による体重増加抑制効果

の項目について検査しました。また、肝臓の脂肪沈着状態について病理切片を作成して評価しました。**図５**に示したように、ズッカーファッティラットの肥満抑制効果は、飲用開始四週間後から体重増加の抑制として観察されました。この抑制効果は、用量が多い群ほど高い結果となりました。また、正常モデルであるズッカーリーンラットにおいても正常な範囲内での体重の抑制が確認されました。本モデル動物の病態の特徴である腎臓や肝臓などの機能低下に関与する尿素態窒素、総コレステロール、遊離コレステロール、β―リポタンパク、中性脂肪、総脂質、リン脂質、ＡＳＴ、ＡＬＴ、クレアチニン、尿酸、ＨＤＬコレステロール、遊離脂肪酸などの検査項目は、統計的有意な改善効果として用量依存的に確認されました。

また、グリコーゲンや脂肪の蓄積、ケトン体低下、タンパク質合成に関与し糖代謝異常の指標となるインスリン値は用量依存的に低下し正常値へと近づきました。インスリン分泌に関与する血管内カリウムの動態からも判断してバイリングの高脂血症・肥満改善作用機序は、**図６**に示したように糖代謝の改善・過剰脂質の体外排泄促進とともに体内脂質代謝の改善によるものであり、有効成分として食物繊維、ミネラル、低分子領域のタンパク質などが総合的に関与しているものと推察しています。またこの結果は、ボランティアによるヒト臨床試験の結果とも一致するものでした。

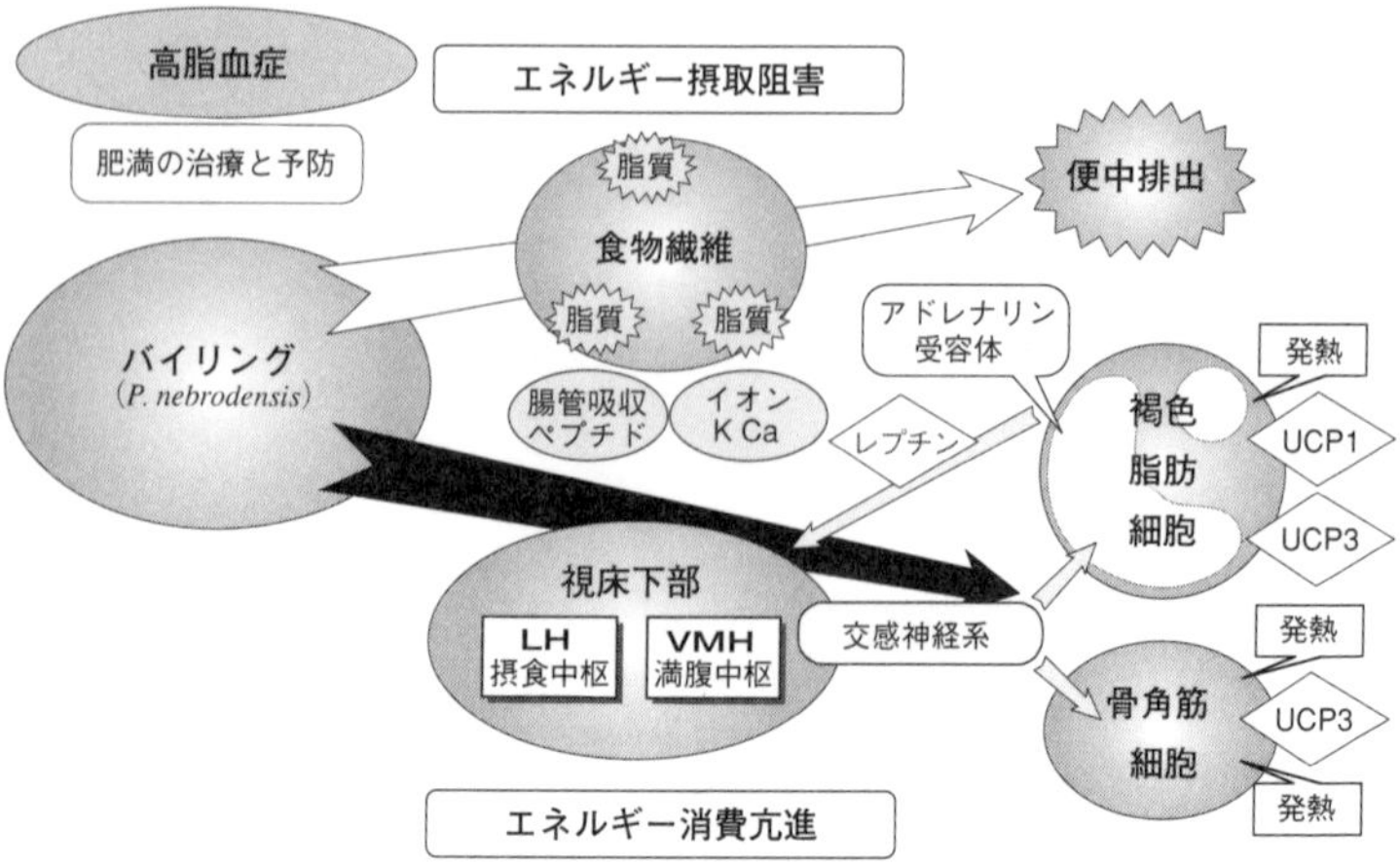

図6　バイリングによる高脂血症改善作用の作用機序

●糖尿病改善

ヒメマツタケCJ—01とヤマブシタケ（メタルカラー株）の膵β細胞障害に対する改善効果を明らかにすることを主目的として糖尿病病態モデル動物の中でも日本人型に類似すると考えられている非肥満型のGK（GOTO-KAKIZAKI）ラットを使用して血糖降下ならびに膵β細胞への影響を中心に検索を行いました。

GK／Crjラット（雄性、五週齢）を日本チャールスリバーから購入後、室温二三±一℃、湿度六〇±一〇％に調節された部屋で一週間飼育しました。その後、実験動物を約二〇時間絶食させ二〇％グルコース溶液一〇ミリリットル／キログラムを強制経口投与しました。実験開始前に、糖負荷試験における二時間の血糖値の総和がほぼ等しくなるよう各用量群に分類して検討しました。その結果、CJ—01およびヤマブシタケの双方において投与により膵ランゲルハンス島の組織障害やβ細胞の減少に対して明確な保護作用が確認されました。さらに、高用量ではβ細胞数の著明な増量が認められました。

これらの成績は、キノコ子実体高用量の投与によって増量したβ細胞が細胞機能を回復させインシュリン分泌を増加させたことが示唆されます。キノコ熱水抽出物の細胞保護作用に関しては、既報の如くDOCA処置の片腎摘出ラットでの腎糸球体細胞の障害に対する抑制作用ならびに関節炎マウスの治療効果が確認されています。これらの成績から総合的に判断して糖尿病改善作用は、他の疾患改善と同様に何らかの成分が細胞外マトリックスを修復することによるものか、糖処理能の向上に起因することが考えられます。結論として、ヒメマツタケＣＪ—01とヤマブシタケ（メタルカラー株）はⅡ型糖尿病に対して効果的であることを示唆しました。

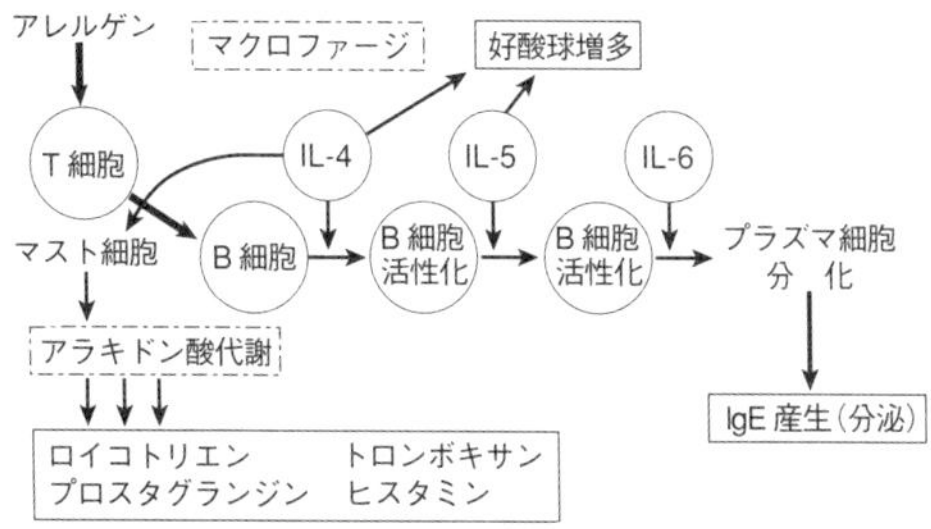

図7　アレルギー性疾患の発症メカニズム（江口文陽 2001）

● アトピー性皮膚炎の改善

アトピー性皮膚炎などのⅠ型アレルギーの発症は、抗原との作用によってレセプター凝集が起こり、細胞内顆粒に貯えられていたプロテアーゼなどの放出、アラキドン酸代謝によってロイコトリエン、プロスタグランジンなどが合成、放出され急性炎症を発症させます。さらにマスト細胞はヒスタミンを放出するだけではなく、Ｔｈ—２タイプのサイトカインであるインターロイキン（ＩＬ）—４やＩＬ—５などを合成、放出して好酸球などの増加を介してアレルギー性の炎症を惹起します。このようなメカニズム（図7）で発症するアトピー性皮膚炎に対してヒメマツタケＣＪ—01株の乾燥子実体熱水抽出液の作

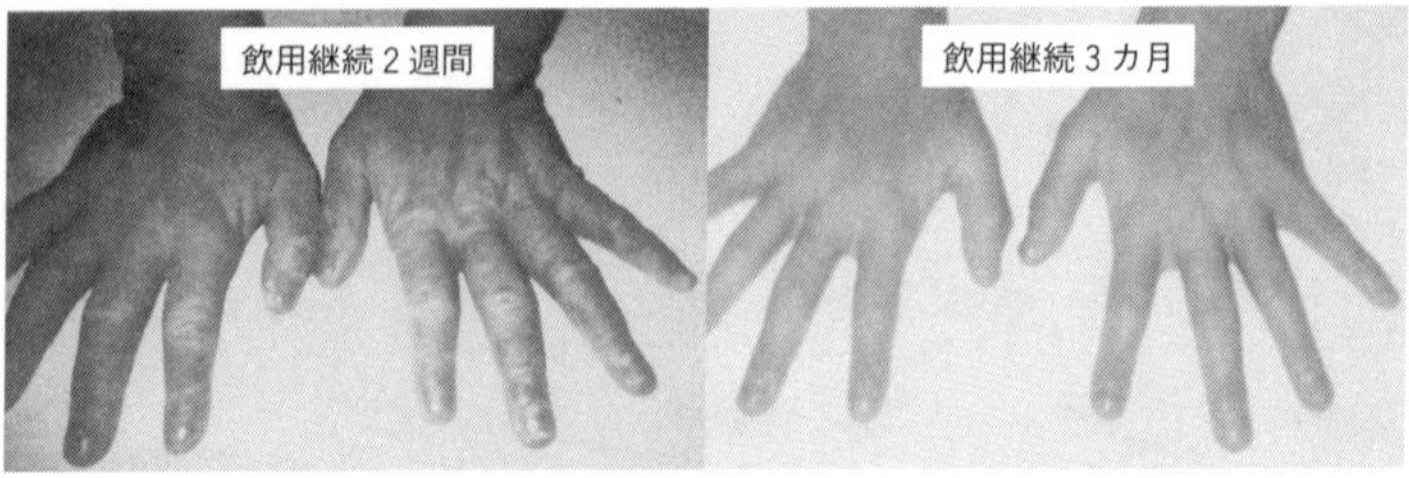

図８　ヒメマツタケ（CJ-01株）におけるアトピー性皮膚炎の改善

用を検索しました。三〜一〇グラム／六〇キログラム／六〇〇ミリリットル／日の用量の抽出液をアトピー性皮膚炎患者八名が自己責任において連続飲用しました。一カ月の飲用に伴って血清中の免疫グロブリン（Ｉｇ）Ｅの検査値の低下が四名において観察され、四カ月の連続飲用によって六名の飲用者のＩｇＥ産生の抑制が明確となりました。ＩｇＥの産生が抑制された飲用者では、ＩＬ―５とマスト細胞から放出される好酸球遊走の抑制も確認されました。ＩｇＥは、Ｔｈ―２細胞によって産生されるＩＬ―４によってＢ細胞が刺激を受けて産生される機序を持ちますが、飲用者全てにおいてＩＬ―４の産生抑制が観察されました。なお、自覚症状と医師の経過観察による臨床症状において、紅斑、鱗屑、苔せん化などの皮疹の軽減を七名において確認しました。皮疹の改善例を**図８**に示します。その効果は、血清中のＣ反応性タンパク（ＣＲＰ）や乳酸脱水素酵素（ＬＤＨ）の正常化へと近づく変動としても確認しました。

以上の結果から、ＣＪ―０１は、免疫系システムのネットワークを調節して、Ｉ型アレルギー性疾患の改善に作用しているものと考えています。

●抗ガン・免疫増強

ガンは、社会の高齢化に伴って増加する傾向にあります。医療技術の進歩によってガンは、早期発見されれば、根治する病気になってはいますが、その予防法と治療法はさまざまです。

ヒメマツタケ(岩出一〇一株)においては、生および乾燥子実体から分画精製した活性成分を用いてサルコーマ(Sarcoma)180固形ガンを移植したマウスに経口投与したところ、極めて高いガン抑制率を示す結果が得られています。また、ヒメマツタケ(CJ—01株)においては、中国において実施された急性リンパ白血病、悪性リンパ腫および肺癌患者への投与において、副作用の伴わない疾患の改善効果ならびに薬剤療法および放射線療法との併用に伴う相乗効果が確認されています。

著者らの研究グループにおいては、ヒメマツタケ(CJ—01)を用いた本格的な抗ガン作用の研究成績については未だ科学論文等への正式な報告をしていませんが、肝臓ガン、乳ガン、肺ガン、クローン病、ホジキン氏病への単独投与(五グラム/六〇キログラム連続投与)や他のガン療法との併用で効果があること、ならびに抗ガン薬の副作用軽減効果があることを認めています。

ヒトにおけるガン発生原因は複雑であることから、動物実験や特定のヒトへの臨床研究成果が「万人にイコール」とはなりません。しかし、著者らの研究の成績は、ヒメマツタケ(CJ—01)が間違いなく抗ガン作用を有することを実証するものです。したがって、ガン予防とガン治療の補助手段ならびに抗ガン剤の副作用軽減のために「実証性のある」ヒメマツタケ(CJ—01)を併用することは有効であると考えています。

さらに、ガン発症の予防に関する見地から健常人五名が自己責任において、ヒメマツタケ(CJ—01)を五グラム/六〇キログラム/六〇〇ミリリットル/日の用量で九〇日間連続飲用し、免疫系の変動を検索し

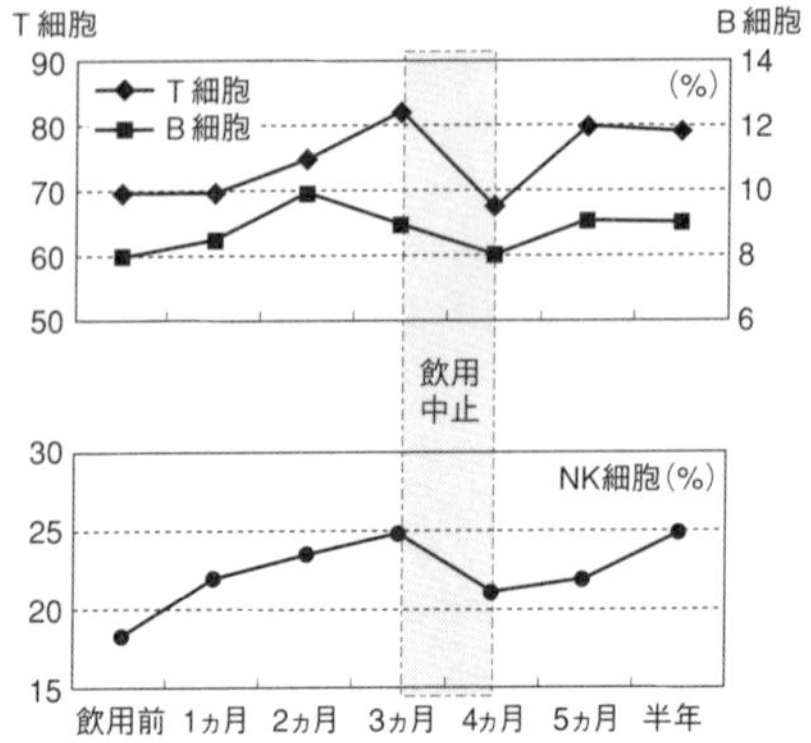

健常成人男子（23～32歳）8名の免疫系に及ぼす影響を調べた。3ヵ月飲用後、4ヵ月目は飲用を中止し、5ヵ月目から飲用を再開した。

投与量

6 g/600 ml・60kg・day

結　果

飲用を中断すると免疫系は一旦下がるが、再開するとまた上昇することから、ヒメマツタケ（CJ-01）の熱水抽出物が明らかに免疫系を活性化していることが確認された。

図9　ヒメマツタケ（CJ-01株）の免疫増強効果（江口文陽 2001）

ました。ヒメマツタケ熱水抽出液飲用前後における血液生化学検査値に変化は認められませんでした。

免疫学的な検査によって、**図9**に示したようにT細胞とNK細胞の数の増加による活性化が確認されました。この免疫への作用は、飲用中に行った飲用中止にともなう免疫細胞数の変化からも確認されました。特に自然免疫系のNK（ナチュラルキラー）細胞の変化が顕著でした。また、CD4＋（炎症性・ヘルパーT細胞）とCD8＋（細胞障害性（キラー）T細胞）については、CD4＋の活性化が顕著でした。CD4T細胞は、主要組織適合抗原複合体（MHC）クラスⅡ分子を持った細胞と結合し、B細胞やマクロファージ（単球）を活性化します。これらの研究結果からは、CD4T細胞の活性化に影響すると推察される単球の増加を確認しました。NK細胞やT細胞は生体防御に重要な役割を果たす細胞群といわれており、ヒメマツタケ（CJ－01）子実体抽出液の飲用が多岐にわたる疾患に働く機序は、細胞性免疫の活性力の増強が深く関与するものと考察しました。

さらに、近年の研究からは連続投与を行うことによって脳内のヒスタミン受容体の三型に強く関連をすることが受容体研究から示唆され、しかも、肝臓の薬物代謝酵素にそれ程強い影響を及ぼすこともなく効能効果を発現すること、免疫機能に対してもヘルパーT細胞の一型二型の活性調節を行うこと、ＩＮＦγやＴＮＦαの放出を促進させることなどが明らかとなっています。

【参考文献・図書】

江口文陽・渡辺泰雄・張俊・宮本康嗣・吉本博明・福原富男・桧垣宮都『自然発症高血圧ラットを用いたヒメマツタケ子実体熱水抽出物質（ＣＪ—01）の降圧効果』和漢医薬学雑誌、一六巻、二〇一～二〇七頁、一九九九年

江口文陽・渡辺泰雄『キノコを科学する』地人書館、二〇〇一年

桧垣宮都・江口文陽・張俊・菊川忠裕・安倍千之・加藤克彦・長谷川一雄・渡辺泰雄『培養ヒメマツタケ（ＣＪ—01株）子実体熱水抽出物質の自然発症糖尿病（ＧＫ）ラットにおける膵β細胞減少に対する改善作用』和漢医薬学雑誌、一七巻、二〇五～二一四頁、二〇〇〇年

藤原道弘・江口文陽 監修『元気に生きる本』東洋医学舎、二〇〇四年

水野卓・川合正允『キノコの化学、生化学』学会出版センター、一九九八年

山田静雄・夏目健太郎・丸山修治・平野和史・隠岐知美・木村良平・江口文陽・杉山朋美・梅垣敬三・渡辺泰雄『培養ヒメマツタケ（ＣＪ—01株）子実体熱水抽出物質（ＣＪ—01）の神経伝達物質受容体、トランスポーターおよび肝薬物代謝酵素に対する作用』和漢医薬学雑誌、二〇巻、二二一～二二九頁、二〇〇三年

Miyamoto, K., Watanabe, Y., Iizuka, N., Sakaguchi, E. and Okita, K. "Effect of a hot water extract of *Agaricus blazei* fruting bodies(CJ-01)on the intracellular cytokines level in a patient with bronchitis", J. Trad. Med. 19, 142–147(2002)

第三節　キノコと調理

●医食同源

中国の古い『黄帝内経・太素』という医書に「五穀・五果・五畜・五菜、これを用いて飢に充つときは、これを食といい、以ってその病を療するときはこれを薬という」とあります。五穀とは穀類を、五果とは果実類を、五畜とは動物性の食品を、五菜とは野菜類をさしており、空腹を満たすために食物を食べることはただの食であるけれど、病気の治療のために食すれば薬となるというのです。つまり、食と薬はもとをただせば同一であると言うわけです。

食物を食べることを通して、体質改善や健康維持、疾病予防をおこなおうとする医食同源（薬食同源）の思想がここにあります。さらに歴史をさかのぼると、今から約三千年も前の『周礼』という古書に、当時の医に関する職が、食医（食事療法医）、疾医（内科医）、瘍医（外科医）、獣医（軍馬、牛などの治療）の四段階に分かれており、中国の伝統医学は薬で病気を治すのではなく食により病気を防ぐ、いわば予防医学を特徴として食が重要視されていたことがうかがえます。

しかし、現在では病気の治療法が、薬物療法や食事療法と区別されているように、薬と食は独立した別々のものとしてとらえられています。これは食と薬がそれぞれ別々に大きな進歩を遂げた結果ともいえます。しかし、食の欧米化、飽食時代といわれて生活習慣病が増加する中で、今一度、医食同源の思想を考え直してみるとよい時期なのかもしれません。

●薬膳料理

薬膳料理というと『良薬口に苦し』の言葉を思い出してしまいます。しかし、中国では一般的な食材のほかに漢方の薬材を広く使用する薬膳料理であっても、『口にうまし』でなければならないようです。食事はおいしくなければならないという、日常の食を通して健康を保つという医食同源の考えにつながるものです。この薬膳料理によく使用されているキノコには、血熱を冷まし、止血作用があるため、血便・血尿・痔などの治療に効くとされるキクラゲ(木耳)や滋養強壮・開胃・血圧効果・コレステロール低下作用があるとされる乾シイタケなどがあります。

●食物の性質

食品がそれぞれに持つ性質をバランスよく組み合わせて食することを大切にする中国では、食品は、寒、熱、温、涼の四気に分けられ、熱の放散を促進して体を冷ます性質のものが寒と涼であり、逆に熱の発生を抑制して体を温める性質を持つものが熱と温であるとされています。寒や涼の性質を持つ涼性食品には、なす・きゅうり・鴨肉・すいか・トマトなどがあり、熱や温の性質を持つ温性食品には、にら・牛肉・にんにく・ねぎ・しょうがなどがあります。

キノコ類はというと、四気のいずれにも属さない中間にあって平性を示します。夏は涼性食品を食し冬は温性食品というように、季節に対応した食品を選択することで体調を調節します。さらに、それはヒト個人の体質に対しても、このような四気の食品を選択することで体の調子を整えることができるといいます。夏の涼性食品、冬の温性食品は、ともに旬の食材です。その食品が最もおいしく、そしてたくさん収獲できる旬の季節にこれらの食品を食することは、栄養成分的にも優れているといえます。

以前に、ある中華料理店の料理長から、日本の「秋なすは嫁に食わすな」という諺についても四気の解釈が当てはまると聞いたことがあります。一般的に日本では「秋なすはおいしいので、姑が憎らしい嫁には食わせない。あるいは秋なすは種が少ないので、子種のなくなることを憂いて嫁に食べさせない」と解釈されています。しかし、四気の解釈をすれば、気温の低くなる秋に涼性食品であるなすを食することは、子供を産む女性の体を冷やすために良くないというのです。これは、秋になすを食べてはいけないということではなく、しょうがなどの温性食品と一緒に食することで、バランスを保てるのだとも教えてくれました。

●食卓とキノコ

秋は、鍋料理をはじめ日本の四季の中で、最も多くキノコが食される季節ではないでしょうか。食用とされているキノコは約二百種類もあると聞くと、スーパーなどの店頭で購入できるキノコの種類はまだまだ少ないように思うかもしれません。しかし、健康意識の高まる中で機能性を有する食品として注目されてから多種多様のキノコを店頭でも見かけるようになりました。実際のところ、栄養士や管理栄養士が食事の献立作成の際に使用する食品標準成分表というものがあります。米から調味料に至るまで約二千種類の食品についてエネルギー、タンパク質、脂質、炭水化物、ビタミン類など、各食品ごとに栄養成分が記載されています。二〇〇〇年に四訂から五訂日本食品標準成分表へと改定されたときに、ハタケシメジやエリンギといった現在身近なものになったキノコが記載されるようになりました。つまり、それだけ市場

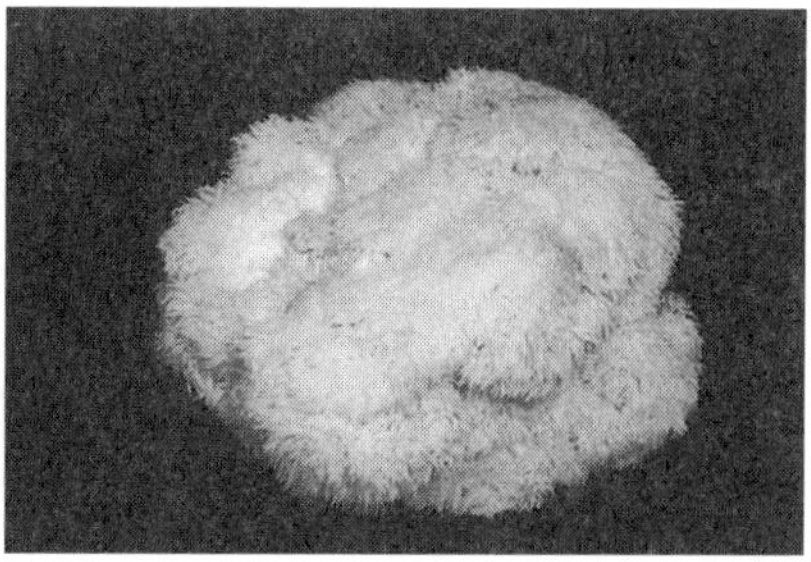

図1　ヤマブシタケ

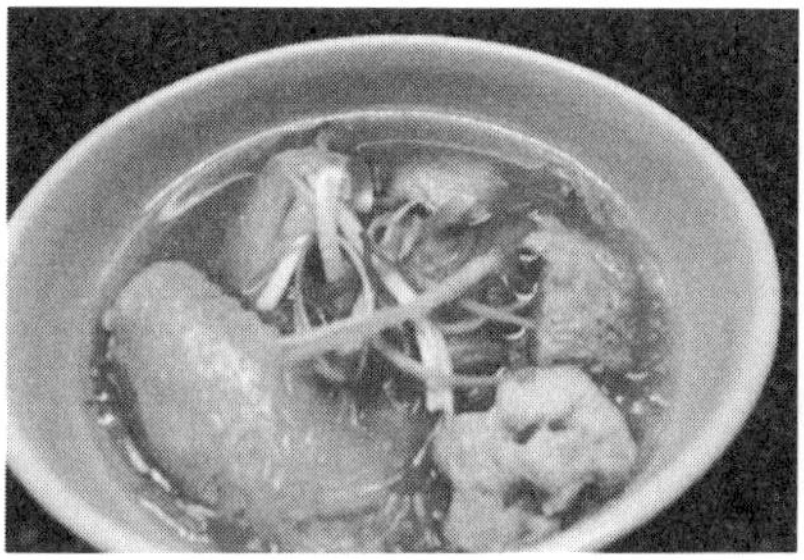

図2　ヤマブシタケのあっさりスープ

が拡大し広く食されるようになってきた証拠ともいえます。

●キノコと料理

キノコは種類によって、その香り(flavour)や味(旨味・taste)、歯ざわり(テクスチャー・texture)が多種多様な食品です。エノキタケやマイタケなど歯切れのよいもの、ナメコやムキタケなどのぬめり成分のあるもの、マツタケやコウタケなどの香りの高いもの、キクラゲなどのコリコリした歯ごたえを持つものがあり、和、洋、中のさまざまな料理に幅広く使われています。

キノコ類は、古くから漢方薬や民間薬としても使われてきたことからも、疾病の予防や改善効果が期待される食品の一つとして注目されています。このようなキノコ類を食材として扱うときに大切にしたいポイントとしては、できるだけ鮮度の良いものを洗わずに、余熱で火を通す程度の短時間加熱で調理することです。キノコ類の成分は、他の生鮮食品と同様に、古くなると栄養成分値も変化してきます。また水溶性成分は、洗ったり、茹でたりすると、当然流出してしまいます。そのため、水洗いせずに使い、茹でるときはさっと軽く茹でる程度にすること、できれば汁ごと食することをお勧めします。

では、皆さんが御存じのたくさんのキノコの中から、中国の薬膳料理が『口にうまし』であるように、非常に美味しくかつ体にも良いキノコを料理レシピと一

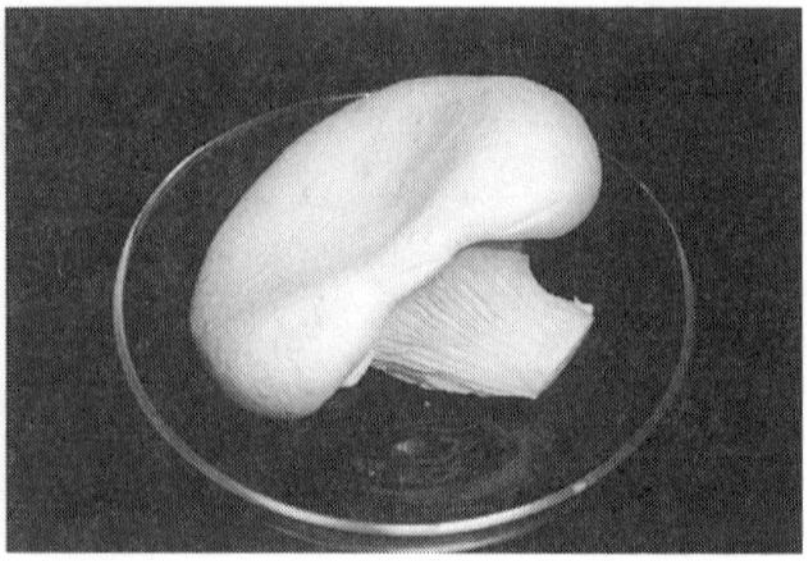

図3 バイリング

図4 バイリングの姿煮

緒に御紹介します。

●キノコを使った料理レシピ

ヤマブシタケ(*Hericium*《ヘリシウム》 *erinaceum*《エリナセウム》)(図1)

白くふわふわとして、やさしいやわらかい食感とさわやかな苦味をもつキノコです。中国では、消化不良や胃潰瘍などの薬効を持つ薬用キノコとして薬膳料理に用いられる他、熊の手、ナマコ、フカヒレに並ぶ四大山海珍味の一つに数えられ珍重されていたキノコです。スープ、お吸い物、和え物などにするとよいでしょう。

ヤマブシタケのあっさりスープ(図2)

[材料] ヤマブシタケ、鶏肉(手羽先)、春雨、ねぎ、スープ、酒、しょうゆ、塩、こしょう、ごま油

[作り方] ①沸騰させたスープに鶏肉を加えて、あくを除きながら煮ます。②鶏肉に火が通ったらヤマブシタケと熱湯でもどしておいた春雨を加え、調味料(酒、しょうゆ、塩、こしょう)で味つけをします。③最後に、少量のごま油を加え器に盛り付けて白髪ねぎをのせたら完成です。

バイリング(*Pleurotus*《プレウロタス》 *nebrodensis*《ネブロデンシス》)(図3)

真っ白いキノコで、抗高血圧作用をもつ他、あわびに似た弾力のある食感が特

図6　エリンギとほうれん草の胡麻和え

図5　エリンギ

徴的なとてもおいしいキノコです。くせのない淡白な味で、チリソースやオイスターソース、チーズ風味のクリームソースなどによく合います。

バイリングの姿煮（図4）

［材　料］　バイリング、チンゲンサイ、スープ、塩、オイスターソース、砂糖、酒、しょうゆ、こしょう、水溶き片栗粉、ごま油

［作り方］　①少量の塩を加えたスープで、チンゲンサイとバイリングをさっと茹でます。②スープに調味料（オイスターソース、砂糖、酒、しょうゆ、塩、こしょう）を加えて味をととのえたら、水溶き片栗粉でとろみをつけます。③器にチンゲンサイとバイリングを盛り付け、あんをかけたら完成です。

エリンギ（*Pleurotus*《プレウロタス》 *eryngii*《エリンギ》）（図5）

歯ごたえのしっかりした、淡白な味が特徴的なキノコです。炒め物、オーブン焼き、和え物など和・洋・中のどんな料理にもよく合います。ビタミンB_2、ビタミンB_6、ナイアシンが豊富なキノコです。

エリンギとほうれん草の胡麻和え（図6）

［材　料］　エリンギ、ほうれん草、白ごま、しょうゆ、砂糖、だし汁

［作り方］　①ほうれん草は茹でた後、冷水にとり水気を絞り三〜四センチメートル程度に切ります。②エリンギは適度な大きさに切り、軽く熱湯にくぐらせ

図7　シイタケ

図8　ぷりぷり海老とシイタケのはさみ揚げ

ます。③白ごまは弱火で香ばしく煎った後、すり鉢で擂り、調味料（しょうゆ、砂糖）とだし汁を加えてよくあわせます。④食べる直前に和え衣を加えて和え、器に盛り付けたら完成です。

シイタケ（*Lentinula*《レンティニュラ》 *edodes*《エドデス》）（図7）

生のものは歯ごたえと独特な旨味があり、干したものには濃厚な香りと強い旨味が特徴的なキノコです。骨粗鬆症《こつそしょうしょう》の予防には欠かせないカルシウムの吸収や骨への蓄積を助けるビタミンDが豊富なキノコです。

ぷりぷり海老とシイタケのはさみ揚げ（図8）

[材　料]　シイタケ、海老、れんこん、ししとう、山芋、塩、こしょう、片栗粉、揚げ油、レモン

[作り方]　①海老は細かく切り、おろした山芋と合わせて軽く塩、こしょうをして練り合わせます。②シイタケに①を詰めて、れんこんではさんだ後、片栗粉をまぶして揚げます。③器にレモン、揚げたシイタケとししとうを盛り合わせたら完成です。

【参考文献・図書】

新居裕久『医は食にあり』時事通信社、一九八七年
江口文陽・渡辺泰雄『キノコを科学する』地人書館、二〇〇〇年
科学技術庁資源調査会『五訂 日本食品標準成分表』大蔵省印刷局、二〇〇〇年
原洋一『健康食 きのこ』農山漁村文化協会、一九八九年
Eguchi,F.,Ito,T. and Sudo,K. "Pharmacological effects of *Pleurotus eringii* on the hyperlipemia", Bull. Takasaki Univ. Health Welfare, 1, 53–57 (2002)

キノコの栄養

キノコは、ビタミンやミネラル、食物繊維を豊富に含む低カロリーの食品です。ビタミン類では、豊富なビタミンB_1、B_2、Dが大切な働きをしてくれます。ビタミンDは、野菜に含まれないビタミンですが、カルシウムの吸収を高め、骨にカルシウムが蓄積するのを助ける働きをして骨粗鬆症の予防には欠かせない栄養素です。乾シイタケ3枚（15g）や乾燥キクラゲ1片（0.5g）で、成人が1日に必要なビタミンD（2.5μg）を満たすほど、キノコはビタミンDの豊富な食品です。牛乳、チーズなどのカルシウムの多い食品と組み合わせて食べるとよいでしょう。

ビタミンB_1は糖質のエネルギー代謝に関与する成分です。脳の中枢神経や手足の末梢神経の機能を正常に保つ働きもあり、不足すると疲れっぽくなったり、集中力がなくなったりします。またビタミンB_2は、脂質や糖質の代謝に必要な成分で、成長の促進や粘膜の保護の働きがありますが、体に貯蔵しておけないので、毎日補給することが大切です。

食物繊維は、便秘改善や小腸での栄養素の吸収をおだやかにすることによる血糖値の上昇の抑制、コレステロールの排泄増加といった働きがあります。キノコの持つぬめり成分も、ムチンとよばれる食物繊維です。

キノコ料理大行進

索　引

A ～ Z

ア　行

カ　行

サ　行

タ　行

ナ　行

ハ　行

マ　行

ヤ　行

ラ　行

ワ　行

Mushroom Wonderland
キノコの楽園
崇高なカラカサタケ：
Macrolepiota procera
申 有秀
Y.-S. Shin
宮澤 紀子
N. Miyazawa
苦みばしったマンネンタケ：
Ganoderma lucidum
清水 邦義
K. Shimizu
怪しげなベニテングタケ：
Amanita muscaria
芦谷 竜矢
T. Ashitani
可愛らしいフクロタケ：
Volvariella volvacea
力持ちササクレヒトヨタケ：
Coprinus comatus
尹 晸俊
J.-J. Yoon
売れ筋エリンギ：
Pleurotus eryngii
福田 正樹
M. Fukuda
品よい香りアンズタケ：
Cantharellus cibarius
本田 与一
Y. Honda
寺嶋 芳江
Y. Terashima
江口 文陽
F. Eguchi
健康第一ヒメマツタケ：
Agaricus blazei
大賀 祥治
S. Ohga
芳しいマツタケ：
Tricholoma matsutake
馬替 由美
Y. Magae
美味しいアミガサタケ：
Morchella esculenta
貴婦人キヌガサタケ：
Dictyophora indusiata
© 2004 nakasyan

執筆者紹介 （執筆順／＊印は編者）

大賀祥治＊　九州大学大学院農学研究院助教授
ohgasfor@mbox.nc.kyushu-u.ac.jp , http://www.kenko-shien.com/ohga/

尹　聶俊　日本学術振興会特別研究員（東京大学）
ajyoon@mail.ecc.u-tokyo.ac.jp

寺嶋芳江　千葉県森林研究センター主席研究員
y.trshm2@ma.pref.chiba.jp

清水邦義　九州大学大学院農学研究院助手
shimizu@agr.kyushu-u.ac.jp

申　有秀　日本学術振興会特別研究員（北海道大学）
jodash@for.agr.hokudai.ac.jp

芦谷竜矢　日本学術振興会特別研究員（九州大学）
ashitani@agr.kyushu-u.ac.jp

福田正樹　信州大学大学院農学研究科助教授
mf0130y@gipmc.shinshu-u.ac.jp

馬替由美　（独）森林総合研究所きのこ・微生物研究領域チーム長
ymagae@ffpri.affrc.go.jp

本田与一　京都大学生存圏研究所助教授
yhonda@rish.kyoto-u.ac.jp , http://133.3.24.201:8931/LBCnv/

江口文陽　高崎健康福祉大学健康福祉学部教授
eguchi@takasaki-u.ac.jp , http://www.takasaki-u.ac.jp/eguchi/

宮澤紀子　高崎健康福祉大学健康福祉学部助手
miyazawa@takasaki-u.ac.jp

英文タイトル
Invitation to Mushroom Science／Edited by Ohga Shoji

キノコ学への誘い《きのこがくへのいざない》

発行日 ―――― 2004年9月15日　初版第1刷
定　価 ―――― カバーに表示してあります
編　者 ―――― 大賀祥治 ©
発行者 ―――― 宮内　久

海青社
Kaiseisha Press
〒520-0112　大津市日吉台2丁目16-4
Tel.(077)577-2677　Fax.(077)577-2688
http://www.kaiseisha-press.ne.jp
郵便振替　01090-1-17991

● ISBN 4-86099-207-5 C1060
● 乱丁落丁はお取り替えいたします　● Printed in JAPAN